U0127812

普通高等教育“十二五”规划教材

机械设计基础

实验教程

主　编　雷　辉　李安生　王国欣
参　编　张燕燕　尹中伟　肖艳秋
主　审　吴晓铃

机 械 工 业 出 版 社

本书由机构运动简图测绘、齿轮展成原理、带传动、轴系结构设计与分析、减速器拆装和德国“慧鱼”创意组合6个实验项目组成。基本上涵盖了目前普通工科院校开设的机械设计基础课程实验。在实验项目的编排上，力求在培养学生动手能力、机电一体化结合能力、创新能力等方面有所突破。书中每章实验项目前面均附有说明，简要介绍了实验内容、实验属性、适用范围及建议学时，并在章后附有实验报告。任课教师可根据不同专业的需求对书中所列实验项目进行选择。

本书主要作为高等工科院校开设有“机械设计基础”课程的学生使用。

图书在版编目（CIP）数据

机械设计基础实验教程/雷辉，李安生，王国欣主编. —北京：机械工业出版社，2011.6

普通高等教育“十二五”规划教材

ISBN 978-7-111-34649-4

Ⅰ.①机… Ⅱ.①雷…②李…③王… Ⅲ.①机械设计－实验－高等学校－教材 Ⅳ.①TH122－33

中国版本图书馆CIP数据核字（2011）第087201号

机械工业出版社（北京市百万庄大街22号　邮政编码100037）

策划编辑：刘小慧　舒　恬　责任编辑：刘小慧　舒　恬

版式设计：霍永明　责任校对：王　欣

封面设计：张　静　责任印刷：乔　宇

三河市宏达印刷有限公司印刷

2011年7月第1版第1次印刷

184mm×260mm·6.5印张·2插页·143千字

标准书号：ISBN 978-7-111-34649-4

定价：14.50元

凡购本书，如有缺页、倒页、脱页，由本社发行部调换

电话服务

社服务中心：（010）88361066

销售一部：（010）68326294

销售二部：（010）88379649

读者购书热线：（010）88379203

网络服务

门户网：http：//www.cmpbook.com

教材网：http：//www.cmpedu.com

前言

“机械设计基础”课程是我国高等工科院校近机类和非机类各专业必修的一门技术基础课。根据《机械设计基础课程教学大纲》的要求，实验是该门课程重要的实践教学环节。通过实验教学使学生加深对课程基本概念、基本理论的理解，为后续专业课程的学习提供必要的知识储备。

近年来，“机械设计基础”课程的实验设备、方法和手段均有很大变化，《机械设计基础课程教学大纲》对实验的要求也较以往有较大改变。根据目前工科院校实验室设备情况，书中选入了机构运动简图测绘、齿轮展成原理、带传动、轴系结构设计与分析、减速器拆装和德国“慧鱼”创意组合6个实验项目。在实验项目编排上努力做到传统实验与创新实验相结合，单一实验与综合实验相结合，力求在培养学生动手能力、创新能力等方面有所突破。书中每章实验项目前均附有说明，简要介绍了实验内容、实验属性、适用范围及建议学时，任课教师可根据不同专业的需求对所列实验项目进行选择。

本书第一章由河南科技大学王国欣编写，第二章、第四章第五至七节由郑州轻工业学院李安生编写，第四章第一至四节由郑州轻工业学院肖艳秋编写，第三章第一至五节由河南科技大学尹中伟编写，第三章第六至八节、第六章由河南工业大学雷辉编写，第五章由黄河科技学院张燕燕编写。全书由李安全统稿。

本书承郑州大学吴晓铃教授精心审阅，提供了很多宝贵意见，在此特致以衷心感谢。

本书在编写过程中，得到了河南工业大学、郑州轻工业学院、河南科技大学、黄河科技学院等院校教务及教材部门的大力支持，上述院校的相关任课老师也对教材提出了很多宝贵意见，在编写中还参阅了多家教学设备生产厂商编制的设备说明书等技术资料，在此一并表示感谢。

由于编写时间仓促和编者水平所限，书中错误和不当之处在所难免，敬请广大同仁和读者批评指正。

编　者

目

第一章

机构运动简图测绘实验

说明

＊ 本实验介绍了机构运动简图测绘的原理、方法和步骤，对分析研究已有的机构或创新机构设计具有指导意义。本实验属于综合类实验，适合机类、近机类专业以及非机类专业开设有机械设计基础课程的学生使用。

＊ 建议实验时间2学时。

一、实验目的

1）初步掌握测绘机构的技能，培养根据实际机械或机构模型绘制机构运动简图的能力。

2）熟悉并掌握机构自由度的计算方法。

3）了解机构功用、构成及各机构间相互配合关系，加深对机构特性的认识。

二、实验设备与工具

1）牛头刨床。

2）液压泵模型。

3）缝纫机头。

4）锯床。

5）插齿机教具。

6）其他机构模型。

学生自带直尺、铅笔、橡皮、白纸（画草图用）。

三、实验原理

机构运动简图是用特定的线条和运动副符号表示机构的一种简化示意图，仅着重表示机构运动的特征。而机构的实际运动则仅与机构中运动副的性质（低副或高副等）、运动副的数目及相对位置（转动副中心、移动副的中心线、高副接触点的位置等）、构件的数目等有关。按一定的长度比例尺确定运动副的位置，用长度比例尺画出的机构简图就称为机构运动简图。机构运动简图保持了实际机构的运动特征，简明地表达了实际机构的运动情况。在实际应用中，有时只需要表明机构运动的传递情况和构造特征，而不要求反映机构的真实运动情况，因此不必严格地按比例确定机构中各运动副的相对位置，这样的图形叫做机构运动示意图。

（1）机器　从日常生活中我们所接触过的机器可以看出，虽然各种机器的构造、用途和性能各不相同，但是从它们的组成、运动确定性以及功能关系来看，都具有以下几个共同的特征：

1）它们都是一种人为的实物（构件）的组合体。

2）组成它们的各部分之间都具有确定的相对运动。

3）能够完成有用的机械功或转换机械能。

凡同时具备上述三个特征的实物组合体就称为机器。

（2）机构　在机器的各种运动中，有些构件是传递回转运动的，有些构件是把转动变为往复运动的，有些构件则是利用其本身的轮廓曲线来实现预期规律的移动或摆动。在工程实际中，人们常根据实现这些运动形式的构件的外形特点，把相应的一些构件的组合称为机构。

总之，机器是由各种机构组成的，它可以完成能量的转换或做有用的机械功；而机构仅仅起着运动传递和运动形式转换的作用。也就是说，机构是实现预期的机械运动的实物组合体；而机器则是由各种机构所组成的，能实现预期机械运动，并完成有用机械功或转换机械能的机构系统。

（3）构件　从制造和加工的角度来看，任何机械都是由若干单独加工制造的单元体——零件组装而成。但是从机械实现预期运动和功能的角度来看，并不是每个零件都能独立起作用。我们把每一个独立影响机械功能并能独立运动的单元体称为构件。构件可以是一个独立运动的零件。但有时为了结构和工艺上的需要，常将几个零件刚性地连接在一起组成构件。

（4）运动副　机构都是由构件组合而成的，其中每个构件都以一定的方式至少与另一个构件相连接，这种连接既能使两个构件直接接触，又能使两构件能产生一定的相对运动。每两个构件间的这种直接接触所形成的可动连接称为运动副。图 1-1 所示的轴与轴承间的连接，图 1-2 所示凸轮与滚子间的接触，都构成了运动副。

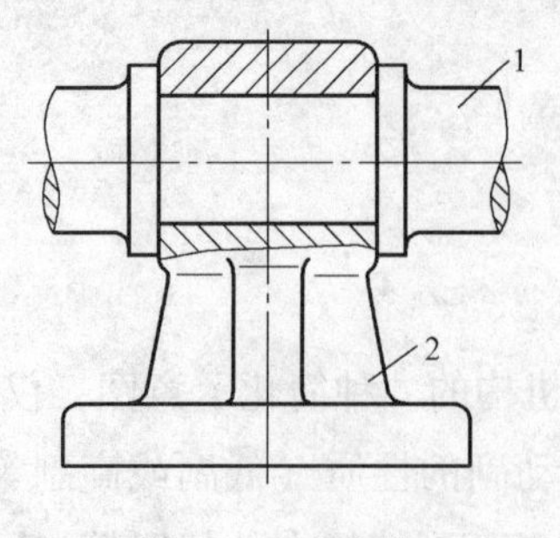

图 1-1　运动副

1—轴　2—轴承座

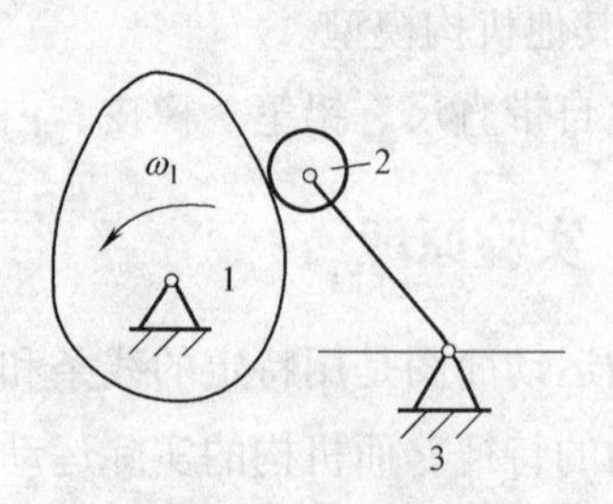

图 1-2　机构简图

1—凸轮　2—滚子　3—机架

（5）运动副的分类　按接触形式分类，以面接触的运动副称为低副，以点、线接触的运动副称为高副。高副比低副易磨损。按相对运动的形式分类，相对运动若为平面运动则称为平面运动副，若为空间运动则称为空间运动副。两构件之间只作相对转动的运动副称为转动副或回转副，两构件之间只作相对移动的运动副，则称为移动副。按运动副引入的约束数分类，引入1个约束的运动副称为1级副，引入2个约束的运动副称为2级副，依此类推，还有3级副、4级副、5级副。按接触部分的几何形状分类，根据组成运动副的两构件在接触部分的几何形状，可分为圆柱副、平面与平面副、球面副、螺旋副、球面与平面副、圆柱与平面副等。附录1-1中列举了国家标准中规定的常用运动副的类型及其代表符号。

四、实验内容及步骤

1. 机构运动简图绘制

1）测绘时，使被测绘的机器或模型缓慢地运动，分析机械的动作原理、组成情况和运动情况，确定其组成的各构件哪个为原动件、机架、执行部分和传动部分。

2）沿着运动传递路线，根据相连接两构件的接触情况及相对运动情况，逐一分析每两个构件间相对运动的性质，以确定运动副的类型和数目。

3）恰当地选择运动简图的视图平面。通常可选择机械中多数构件的运动平面为视图平面，必要时也可选择两个或两个以上的视图平面，然后将其展开到同一图面上。

4）选择适当的比例尺 μ_l［μ_l = 实际尺寸（m）/图示长度（mm）］，定出各运动副的相对位置。

5）按规定的运动副的代表符号、常用机构运动简图符号和简单线条及构件的连接次序，从原动件开始在图中依次引序号1、2、3……；标出原动件；在回转副中心、移动副导路上或高副接触处引出 A、B、C……。画出机构运动简图的草图（通用的运动符号见本章附表1-1、附表1-2、附表1-3）。

6）绘制时应撇开与运动无关的构件的复杂外形和运动副的具体构造。同时应注意，选择恰当的原动件位置进行绘制，尽量避免构件相互重叠或交叉。

2. 计算机构的自由度

（1）自由度计算　将以上确定的参数代入平面机构的自由度计算公式进行自由度计算

$$F = 3n - 2P_L - P_H$$

式中　n——活动构件数；

P_L——低副数；

P_H——高副数。

（2）检验正误　根据计算所得的自由度值，判定机构运动的确定性，并用机构的实际运动情况检验，如发生矛盾，说明简图或计算有错，须做如下检查：

1）自由度计算检查。检查是否考虑了复合铰链、局部自由度、虚约束等情况。

2）运动简图检查。检查所绘制的机构运动简图的构件数、运动副类型、数目是否与实际机构一致，是否有漏画或重复的现象。

3. 举例

下面以图1-3所示的颚式破碎机、图1-4所示的内燃机为例，具体说明机构运动简图的绘制方法。

（1）颚式破碎机运动简图的绘制　首先，分析机构的组成、动作原理和运动情况。该机构是由电动机驱动带和带轮，通过偏心轴使动颚上、下运动的。

步骤1：在适当位置画出固定铰链A。

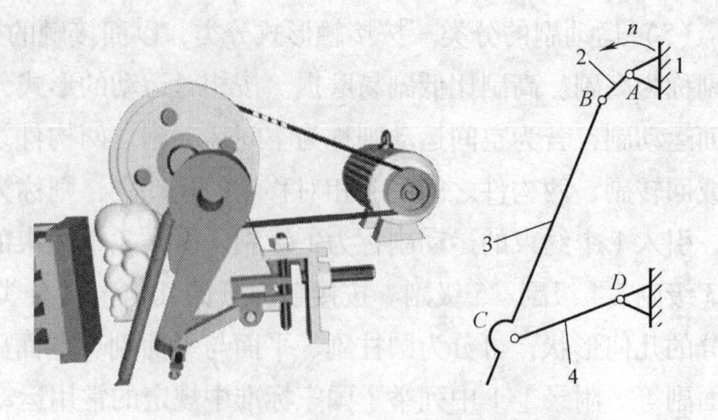

图1-3　颚式破碎机及其机构运动简图

1—机架　2—曲柄　3—连杆　4—摇杆

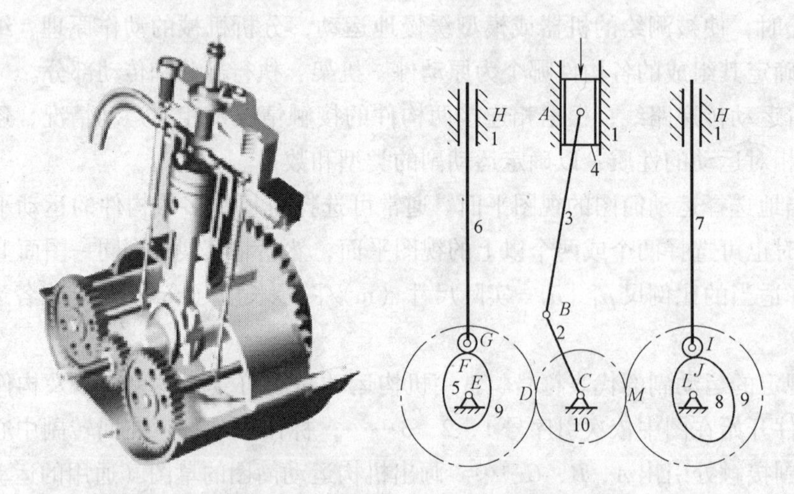

图1-4　内燃机及其机构运动简图

1—机架　2—曲柄　3—连杆　4—活塞　5—进气阀启、闭凸轮　6—进气阀启、闭顶杆　7—排气阀启、闭顶杆　8—排气阀启、闭凸轮　9、10—齿轮

步骤2：选取适当的比例尺，按规定的符号画出其他运动副B、C、D。

步骤3：用规定的线条和符号连接各运动副。

步骤4：进行必要的标注。

（2）内燃机运动简图的绘制　从主动件（输入构件）开始，顺着运动传递路线，仔细分析各构件之间的相对运动情况，从而确定组成该机构的构件数、运动副数及性质。在此基础上，按一定的比例及特定的构件和运动副符号，正确绘制出机构运动简图。

步骤1：选择视图平面，画出活塞4与连杆3构成的转动副A。

步骤2：选取适当的比例尺，按规定的符号画出其他运动副B、C、D、E、F、G、H、I、J、L、M。

步骤3：用规定的线条和符号连接各运动副。

步骤4：进行必要的标注。

五、实验要求

1. 实验内容要求

1）每人要在实验报告纸上绘出不少于4个测得的机构运动简图。其中至少有一个机构须测量组成该机构的各构件的实际尺寸，并按比例绘制其机构运动简图。其他机构可不进行测量，但应凭目测使运动简图与实物大致成比例，并注意各构件的相对位置关系。

2）实验完成后将草稿交指导教师审阅。如发现错误，应及时修改。

2. 实验报告内容要求

1）计算上述机构的自由度。

2）判定运动的确定性。

3）指出每一个机构中存在的复合铰链、局部自由度和虚约束。

4）根据草稿完成实验报告，简图用绘图仪器完成并标注尺寸。

5）根据日常所见，在实验报告上画出一个机构的运动简图。

六、思考题

1）何谓机构运动简图？

2）如何才能正确地绘出机构运动简图？

3）什么是机构的自由度？使机构具有确定运动的条件是什么？

七、附录

附录1-1　常用运动副的类型及其代表符号（GB/T 4460—1984）

附表1-1　运动副及机架的简图符号

运动副级别	运动副名称	符　号
Ⅴ级副	转动副	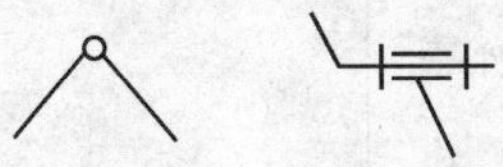
	移动副	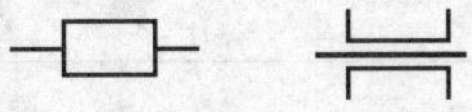
	螺旋副	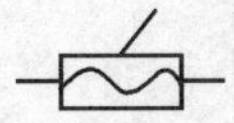
Ⅳ级副	圆柱副	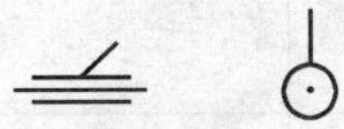
	球销副	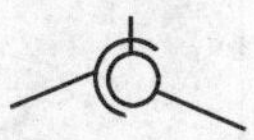
	平面高副	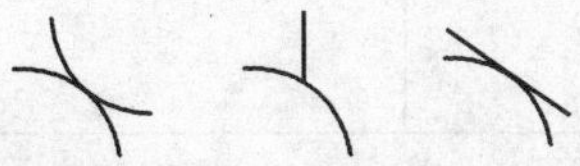

（续）

运动副级别	运动副名称	符号
Ⅲ级副	球面副	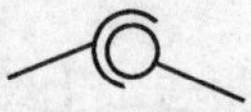
	平面副	
Ⅱ级副	球与圆柱副	
Ⅰ级副	球与平面副	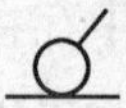
机架		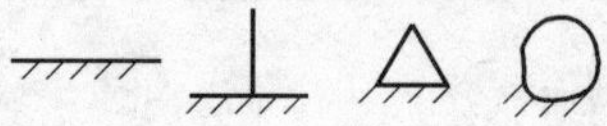

附表 1-2　一些高副机构的表示方法

机构名称		机构简图
平面凸轮机构	移动从动件	
	摆动从动件	
空间凸轮机构	移动从动件	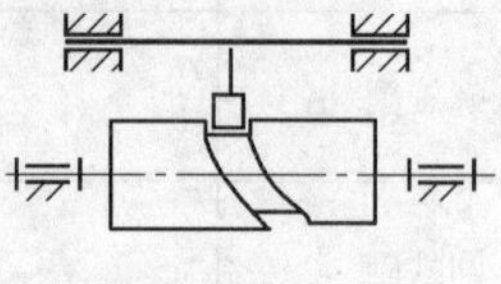
	摆动从动件	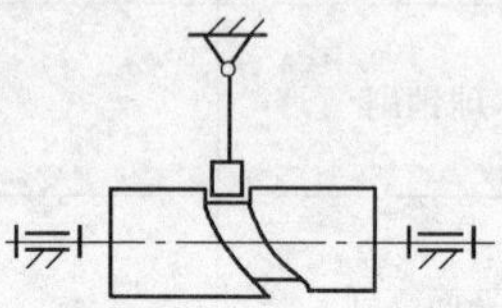

（续）

机构名称		机构简图
平面齿轮机构	圆柱齿轮	
	齿轮齿条	
空间齿轮机构	锥齿轮	
	蜗杆蜗轮	

附表 1-3　带有平面运动副元素的构件

构件类型	简图符号
带有两个运动副元素	
带有三个运动副元素	

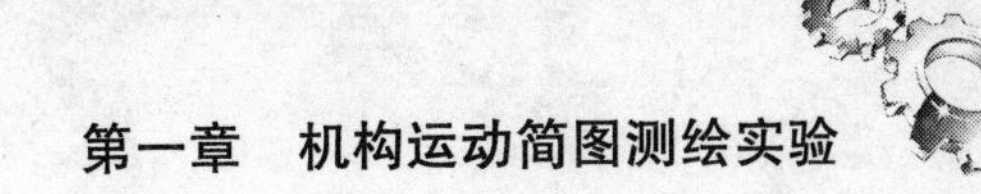

附录1-2　机构运动简图测绘实验报告

班　级________________ 学　号________________ 姓　名________________

同组者________________ 日　期________________ 成　绩________________

1. 实验目的

2. 实验原理

3. 思考题解答

4. 机构运动简图或示意图

名　称	机构运动简图	自　由　度
	比例尺 μ_l =	活动构件数 n = 低副数 P_L = 高副数 P_H = 自由度数 F =

（续）

名　称	机构运动简图	自　由　度
	比例尺 μ_l =	活动构件数 n = 低副数 P_L = 高副数 P_H = 自由度数 F =
	比例尺 μ_l =	活动构件数 n = 低副数 P_L = 高副数 P_H = 自由度数 F =
	比例尺 μ_l =	活动构件数 n = 低副数 P_L = 高副数 P_H = 自由度数 F =

齿轮展成原理实验

说明

* 本实验讲述了展成法加工齿轮的基本原理，介绍了几种展成仪的结构、原理及使用方法。本实验属于综合类实验，适合机类、近机类各专业学生使用。

* 建议实验时间2学时。

一、实验目的

1）通过实验掌握用展成法加工渐开线齿轮的原理和方法。

2）了解渐开线齿轮的根切现象和避免发生根切的方法；分析、比较标准齿轮和变位齿轮的异同点。

3）培养学生的动手能力。

二、实验内容

1）了解渐开线齿轮的加工原理及方法。

2）掌握用展成法加工渐开线齿轮的基本原理，观察齿廓形成过程。

3）根据选定的齿轮参数计算齿轮的下列尺寸：

标准齿轮：z、r_b、r_a、r_f、s、s_a及s_b。

变位齿轮：x（取$x = x_{min}$）、r'_a、r'_f、s'、s'_a及s_b。

4）了解渐开线齿轮的根切现象和通过变位修正来避免发生根切的方法。分析、比较标准齿轮和变位齿轮的异同点。

5）了解齿轮传动的类型及其选择。

6）了解齿轮传动的设计步骤。

三、实验设备与工具

1. 齿轮展成仪

常见的齿轮展成仪有两种，其主要区别在于工作台（托纸盘）是半圆形还是圆形。

（1）半圆形齿轮展成仪　半圆形齿轮展成仪是根据齿条刀具加工齿轮的原理来设计

的，其主要构造如图 2-1 所示。半圆盘 2 绕其固定的轴心传动。在半圆盘的周缘刻有凹槽，槽内绕有钢丝Ⅰ和Ⅱ。钢丝绕在凹槽以后，其中心线所形成的圆应等于被加工齿轮的分度圆。Ⅰ和Ⅱ的一端固定在半圆的 b 和 b'处；另一端固定在横拖板 4 上的 a 和 a'处。横拖板 4 可在机架 1 上沿水平方向移动，通过钢丝的作用，使半圆盘相对于横拖板的运动和被加工齿轮相对于齿条的运动一样（作纯滚动）。在横拖板 4 上装有带动刀具的纵拖板 6，转动纵向移动螺旋 7 可使纵拖板 6 相对于横拖板沿垂直方向移动，从而可以调节刀具 5 的中线至轮坯中心的距离。压环 3 用于压紧绘图纸。

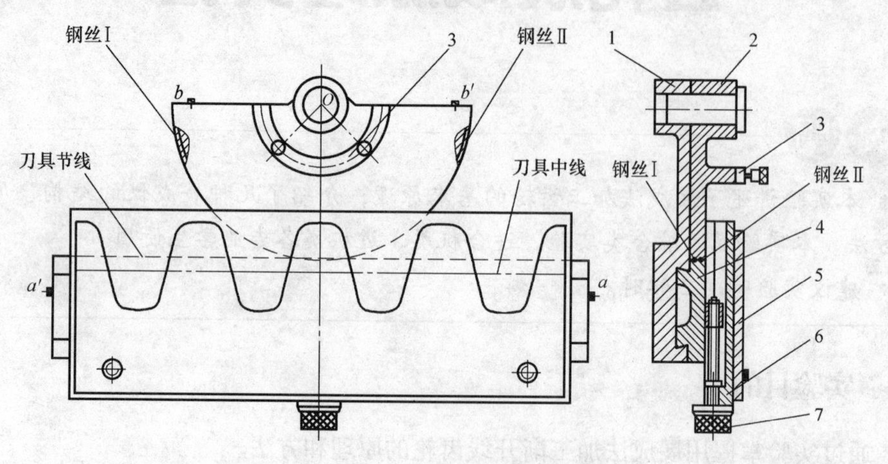

图 2-1　半圆形齿轮展成仪

1—机架　2—半圆盘　3—压环　4—横拖板　5—刀具　6—纵拖板　7—纵向移动螺旋

齿条刀具的参数为：模数 $m=25\text{mm}$；压力角 $\alpha=20°$；齿顶高系数 $h_a^*=1$；顶隙系数 $c^*=0.25$。

被加工齿轮的分度圆直径 $d=200\text{mm}$。

（2）圆形齿轮展成仪（适用于 $m=20\text{mm}$ 的刀具）　该展成仪也是根据齿条刀具加工齿轮的原理来设计的，其主要构造如图 2-2 所示。

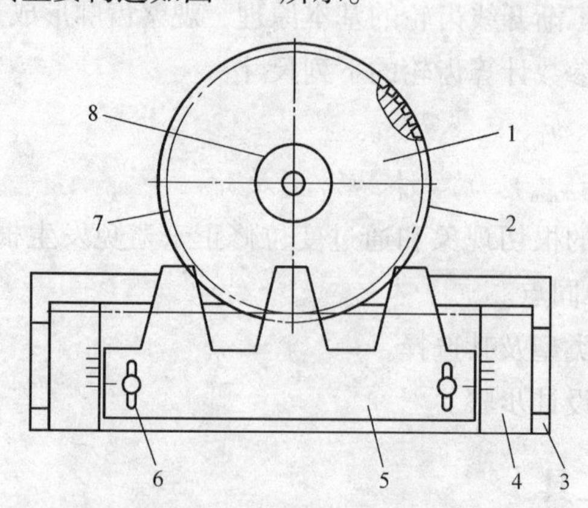

图 2-2　圆形齿轮展成仪

1—图纸托盘　2—齿轮　3—水平底座　4—横拖板
5—齿条刀具　6—螺钉　7—齿轮分度圆　8—压纸板

工作台（图纸托盘1）绕定轴转动，齿轮2带动上面有齿条的横拖板4在水平底座3的导向条上作水平移动，齿条刀具5通过螺钉6固定在横拖板4上，松开螺钉6可使齿条刀具5作上、下移动，实现刀具的变位运动，加工变位齿轮。

当齿条刀具5的中线与被加工齿轮分度圆相切时，此时横拖板4的齿条中线与刀具中线重合（齿条刀具5上的标尺刻度与横拖板4上的零刻度线对准）。当推动横拖板4时，工作台上被加工齿轮的分度圆与齿条刀具中线作纯滚动，这是切制标准齿轮的状态。

改变齿条刀具5的位置可使刀具中线与横拖板4上的齿条中线分离，即齿条刀具5的中线远离或接近被加工齿轮分度圆，移动的距离 xm 可由端部的标尺上读出，从而切制变位齿轮。

这种圆形齿轮展成仪与上述半圆形齿轮展成仪在构造上的不同之处在于，代表轮坯的圆盘和代表进给的横拖板之间的运动联系是靠一对齿轮和齿条的啮合传递来完成的；没有纵拖板；刀具至轮坯中心的距离调节是靠刀具模型上的两条纵槽和在横拖板上的两个螺钉来完成的；刀具参数中模数不同，$m=20\text{mm}$，其他参数相同。

齿条刀具的参数为：模数 $m=20\text{mm}$；压力角 $\alpha=20°$；齿顶高系数 $h_a^*=1$；顶隙系数 $c^*=0.25$。

被加工齿轮的分度圆直径 $d=160\text{mm}$。

2. 实验工具

学生自带圆规、三角尺、绘图纸（直径约280mm或220mm左右）、两种不同颜色的铅笔或圆珠笔等。

四、实验原理

展成法是利用一对齿轮互相啮合时其共轭齿廓互为包络线的原理来加工轮齿的。加工时其中一轮为刀具，另一轮为轮坯，刀具和轮坯仍保持固定的角速比传动，完全和一对真正的齿轮互相啮合传动一样，同时刀具还沿轮坯的轴向作切削运动，这样制得的齿廓就是刀具切削刃在各位置的包络线。若用渐开线作为刀具齿廓，则其包络线也必为渐开线。由于在实际加工时，刀具与轮坯都安装在机床上，在机床传动链的作用下，刀具与轮坯按齿数比作定传动比的回转运动，与一对齿轮（它们的齿数分别与刀具和待加工齿轮的齿数相同）的啮合传动完全相同。在对滚中刀具齿廓曲线的包络线就是待加工齿轮的齿廓曲线。刀具一边作径向进给运动（直至全齿高），一边沿轮坯的轴线作切削运动，这样刀具的切削刃就可切削出待加工齿轮的齿廓。由于在实际加工时看不到切削刃包络出轮齿的过程，看不到切削刃在各个位置形成包络线的过程，故通过齿轮展成仪来模拟轮坯与刀具间真实的传动过程。实验中所用的齿轮展成仪相当于用齿条形刀具加工齿轮的机床，待加工齿轮的纸坯与刀具模型都安装在展成仪上，由展成仪来保证刀具与轮坯的对滚运动（待加工齿轮的分度圆线速度与刀具的移动速度相等）。用铅笔将刀具切削刃的位置画在绘图纸上，每次所描下的切削刃廓线相当于齿坯在该位置被切削刃所切去的部分，这样就能清楚地观察到切削刃廓线逐渐包络出待加工齿轮的渐开线齿廓的过程。

五、实验步骤（以半圆形工作台为例）

1）根据已知参数，计算出被切齿轮的齿数 z、基圆直径 d_b 以及标准齿轮的齿顶圆直径 d_a、齿根圆直径 d_f 等数据。

2）计算不发生根切的最小变位系数 x_{min}，然后取定变位系数 x（$x \geqslant x_{min}$），计算出变位齿轮的齿顶圆直径 d'_a、齿根圆直径 d'_f 等数据。

3）以 O 为圆心，分别画出分度圆、基圆以及标准齿轮和变位齿轮的齿顶圆、齿根圆，并将图纸剪成直径比变位齿轮的齿顶圆直径大 2～3mm 的半圆形。

4）取下展成仪上齿条刀具和半圆形压环 3，在图纸上按压环上螺孔位置剪好两个小孔，将图纸装在展成仪上并压好压环。

5）装上刀具，旋转纵向移动螺旋 7，调节刀具的位置，使刀具顶刃线与标准齿轮的齿根圆相切（这时刀具中线应与被切齿轮的分度圆相切）。

6）将横拖板 4 移至左（或右）极限位置，用铅笔或圆珠笔在图纸上（代表被切齿轮的毛坯）画下刀具的齿廓在该位置上的投影线。然后将横拖板 4 向右（或左）移动 1mm 的距离（这里通过钢丝的带动，半圆盘也相应转过一个很小的角度），再将刀具齿廓在该位置上的投影线画出。连续重复上述工作，直至横拖板 4 移至右（或左）极限位置为止，绘出刀具齿廓在各个位置上的投影线，这些投影线的包络线即为标准齿轮的渐开线齿廓。

7）旋转纵向移动螺旋 7，改变刀具径向位置，使刀具顶刃线与变位齿轮的齿根圆相切（这时刀具中线与被切齿轮分度圆分离，径向移动量为 xm），用另一种颜色的笔在同一张图纸上重复步骤 6），绘出刀具齿廓在各个位置上的投影线。这些投影线的包络线即为变位齿轮的渐开线齿廓。

8）取下图纸，与本实验附页的标准齿轮齿廓和正变位齿轮齿廓图样进行比较，观看标准齿轮的根切现象，并分析比较标准齿轮与变位齿轮的齿形。

使用圆形齿轮展成仪的步骤和上述步骤基本相同，仅在压纸方式和调整刀具与中心的位置时有所不同，实验时请注意观看老师示范。

六、交流与总结

1. 交流内容

交流内容划分为四个小节：

1）渐开线齿廓的根切现象及避免根切的措施（建议讲 12min，提问 5min）。

2）变位齿轮几何尺寸的变化（建议讲 10min，提问 5min）。

3）变位齿轮的啮合传动（建议讲 10min，提问 5min）。

4）传动类型及其选择（建议讲 10min，提问 5min）。

2. 交流形式

1）每班分成若干小组，每组六人，每组分派两人讲课、两人提问、两人参加评委会。

2）讨论课上，每组用口述讲授一小节内容（具体讲授哪一小节由抽签方式决定），然后进行提问；提问对象为讲课小组的其余四人（讲课两人除外），问题数量不少于四个。

3）评分。评分项目为：①概念阐述清楚，表达准确；②内容充实、信息量大；③是否有效利用各种媒体（图像、动画及视频等）。

由评委会根据评分项目评出的名次决定交流成绩；评委会成员不评本组成绩（该环节可根据课时情况来决定是否进行和进行多长时间）。

七、思考题

1）齿轮加工的方法有哪些？试述其加工原理。

2）用展成法加工的齿廓曲线全部是渐开线吗？齿廓曲线由哪几部分组成？

3）变位齿轮与标准齿轮有哪些异同点？

八、附录

齿轮加工原理实验报告

班　级________________ 学　号________________ 姓　名________________

同组者________________ 日　期________________ 成　绩________________

1. 实验目的

2. 原始数据

1）半圆形展成仪齿条参数

$m=25\text{mm}$　　$\alpha=20°$　　$h_a^*=1$　　$c^*=0.25$

被加工齿轮参数：分度圆直径 $d=200\text{mm}$

2）圆形展成仪齿条参数

$m=20\text{mm}$　　$\alpha=20°$　　$h_a^*=1$　　$c^*=0.25$

被加工齿轮参数：分度圆直径 $d=160\text{mm}$

3. 实验数据计算

名　称	标准齿轮		变位齿轮	
	计算公式	结果	计算公式	结果
齿数 z				
基圆半径 r_b				
变位系数 x				
齿顶圆半径 r_a				
齿根圆半径 r_f				
分度圆齿厚 s				
齿顶圆齿厚 s_a				
基圆齿厚 s_b				

4. 齿廓图（参考附图，可另附页）

5. 实验结果比较

观察齿廓图，变位齿轮与标准齿轮进行比较，将比较结果填入下表内。比标准齿轮数值大者，在表格中填“+”号；相同者填“=”号；小于标准齿轮值者填“-”号。

名称 类型	分度圆直径	基圆直径	齿顶圆直径	齿根圆直径	齿距	分度圆齿厚	齿根圆齿厚	齿槽宽	齿顶宽	齿根高	全齿高
正变位齿轮											
负变位齿轮											

6. 思考题解答

附图　标准齿轮齿廓和正变位齿轮齿廓图样

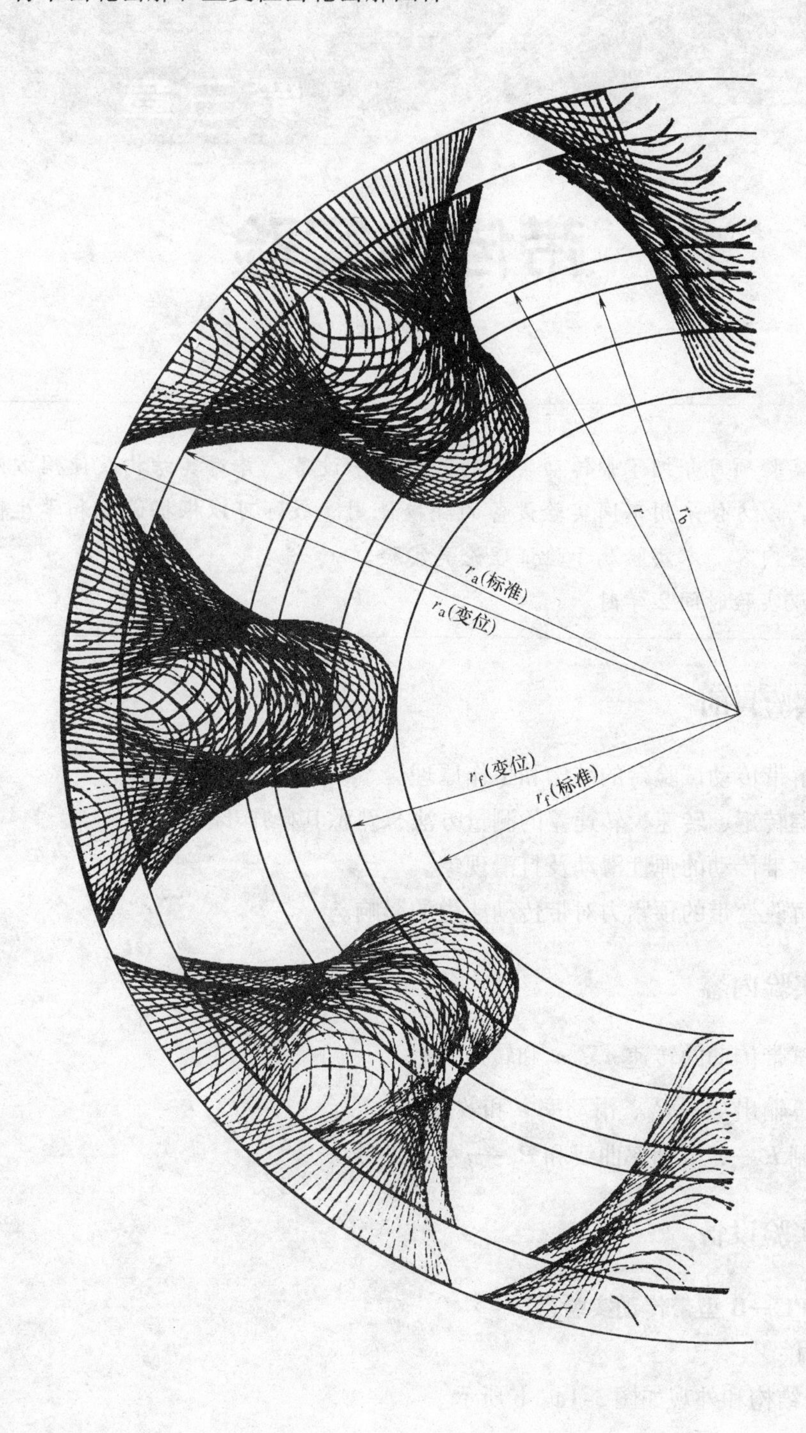

带传动实验

说明

＊本实验项目介绍了带传动实验的两种常用设备，并对其结构及使用方法分别进行了讲述，以方便采用不同实验设备的院校使用。教师可以根据设备和学生情况合理地取舍实验内容。本实验属于验证理论类实验。

＊建议实验时间2学时。

一、实验目的

1）了解带传动试验台的结构和工作原理。

2）掌握转矩、转速、转速差的测量方法，熟悉其操作步骤。

3）观察带传动的弹性滑动及打滑现象。

4）了解改变带的预紧力对带传动能力的影响。

二、实验内容

1）测试带传动的转速 n_1、n_2 和转矩 T_1、T_2。

2）计算输出功率 P_2、滑动率 ε 和效率 η。

3）绘制 P_2—ε 滑动率曲线和 P_2—η 效率曲线。

三、实验设备

（一）PC—B型带传动实验台

1. 结构

实验台结构和外观如图3-1a、b所示。

2. 组成

带传动实验台由机械装置、电气箱和负载箱三部分组成。其间用航空导线和插座连接。

（1）机械装置　机械装置包括主动部分和从动部分。

1）主动部分包括355W直流电动机4和其主轴上的主动轮2，带预紧装置1，直流电动机转速传感器 3 及电动机测转矩传感器 5。电动机安装在可左、右直线滑动的平台上，平台与带预紧装置 1 相连，改变带预紧装置的砝码重力，就可以改变传动带的预紧力。

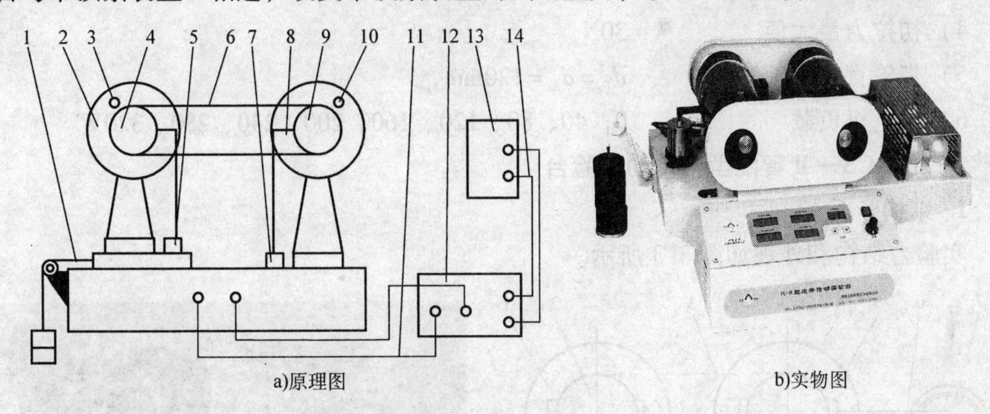

a)原理图　　b)实物图

图 3-1　带传动实验台

1—带预紧装置　2—主动轮　3、10—转速传感器　4—直流电动机　5、7—转矩传感器　6—传动带　8—从动轮　9—直流发电机　11—连接电缆（2 根）　12—电气箱　13—负载箱　14—连接导线（2 根）

2）从动部分包括 355W 直流发电机 9 和其主轴上的从动轮 8，直流发电机转速传感器 10 及直流发电机转矩传感器 7。发电机发出的电量，经连接电缆送进电气箱 12，再经导线 14 与负载箱 13 连接。

（2）负载箱　由 8 只 40W 的灯泡组成，通过控制负载箱上的开关，即可改变负载大小。

（3）电气箱　实验台所有的控制和测试均由电气箱 12 来完成（其原理参见图 3-2）。旋转设置在面板上的调速旋钮，即可改变主动轮和从动轮的转速，并由面板上的转速计数器直接显示。直流电动机和直流发电机的转动力矩也分别由设置在面板上的计数器显示出来。

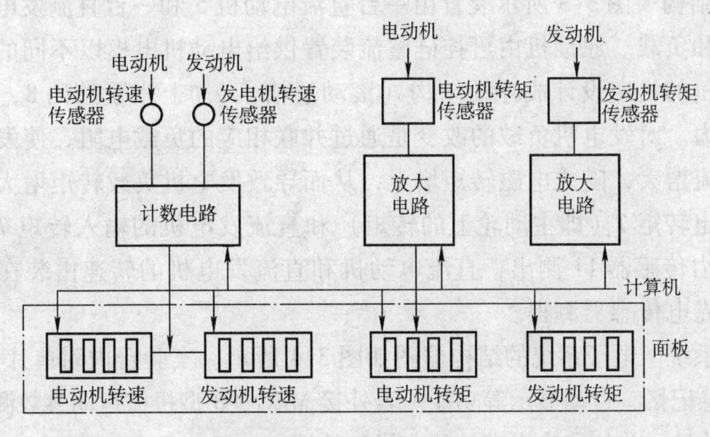

图 3-2　PC—B 型带传动实验台电气测控原理示意图

3. 主要技术参数

1）直流电动机功率　　335W

2）调速范围　　50～1500r/min

3）最大负载转速下降率　　≤5%

4）初拉力最大值　　30N

5）带轮直径　　$d_1=d_2=120\text{mm}$

6）发电机负载　　0、40、80、120、160、200、240、280、320W

（二）DCS—Ⅱ智能型带传动实验台

1. 结构

实验台结构和外观如图3-3所示。

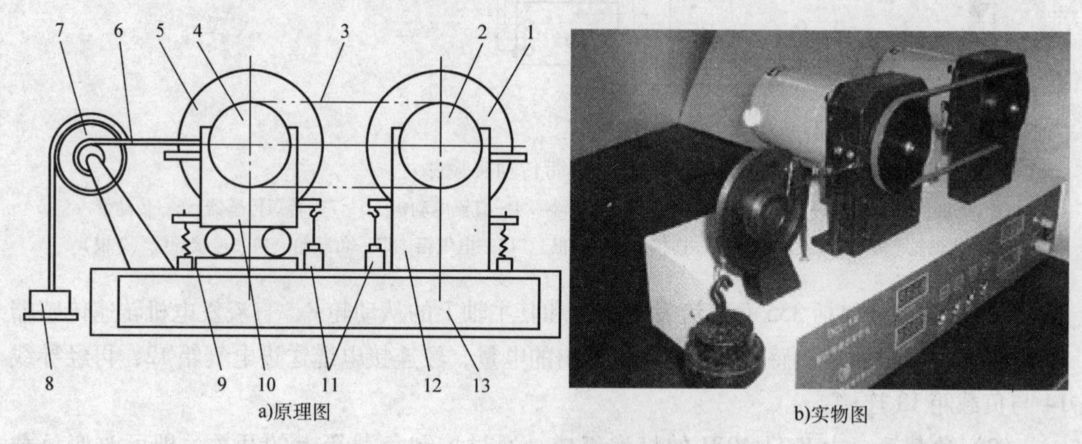

a)原理图　　b)实物图

图3-3　DCS—Ⅱ智能型带传动实验台

1—直流发电机　2—从动轮　3—传动带　4—主动轮　5—直流电动机　6—牵引绳　7—滑轮　8—砝码　9—拉簧　10—浮动支座　11—拉力传感器　12—固定支座　13—底座

2. 组成

DCS—Ⅱ智能型带传动实验台主要由机械结构和电子系统两部分组成。

（1）机械结构　图3-3所示装置由一台直流电动机5和一台直流发电机1组成，分别作为原动机和负载。原动机由可控硅整流装置供给电动机电枢以不同的端电压实现无级调速。原动机的机座设计成浮动结构（滚动滑槽），加上张紧砝码8，便可使平带具有一定的初拉力。对发电机负载的改变是通过并联相应的负载电阻，使发电机负载逐步增加，电枢电流增大，随之电磁转矩增大，从而导致发电机负载转矩增大而实现的。直流电动机的输出转矩T_1（即主动轮上的转矩）和直流发电机的输入转矩T_2（即从动轮上的转矩）由拉力传感器11测出，直流电动机和直流发电机的转速由装在两带轮背后环形槽中的红外光电传感器测得。

（2）电子系统　电子系统的结构框图如图3-4所示。实验台内附单片机，承担检测、数据处理、信息记忆、自动显示等功能。若外接MEC—B型机械运动参数测试仪或微型计算机，就可自动显示并打印输出有关的曲线和数据。

四、工作原理

传动带装在主动轮和从动轮上。带传动是依靠带与带轮间接触表面产生的摩擦力来

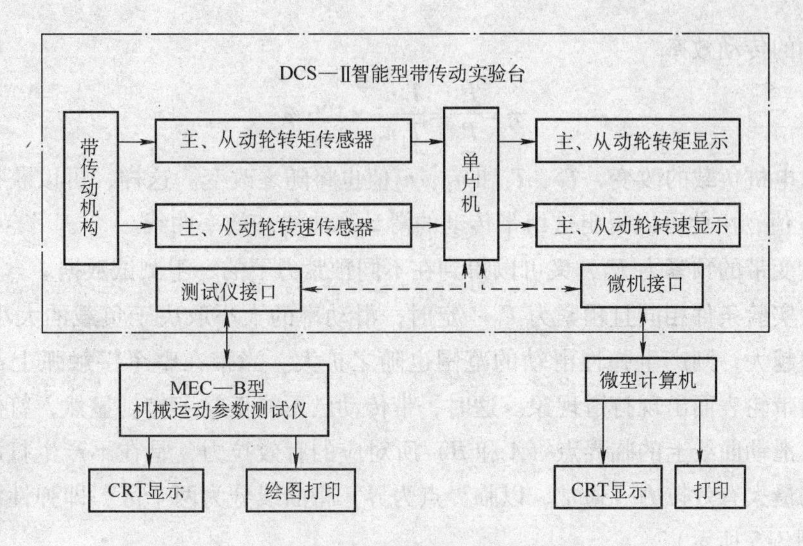

图3-4　电子系统的结构框图

传递运动和动力的。由于工作时带两边的拉力不相等（$F_1 > F_2$），这样就使得带在沿带轮接触弧上各个位置所产生的弹性变形也各不相同，从而使带（弹性元件）在运转过程中相对于带轮表面必然产生一定的微量滑动。其滑动量的大小通常用滑动率 ε 来表示。

实验台直流电动机和直流发电机均由一对滚动轴承支承，使它们的定子可绕轴线摆动，从而通过测矩系统，在不同的负载下，分别测出主动轮和从动轮的工作转矩 T_1 和 T_2。主动轮和从动轮的转速 n_1 和 n_2 是通过调速旋钮来调控的，并通过测速装置直接显示出来。

这样，就可以得到在相应工况下的一组实验结果。

带传动主动轮功率

$$P_1 = \frac{n_1 T_1}{9550}$$

带传动从动轮功率

$$P_2 = \frac{n_2 T_2}{9550}$$

式中　n_1、n_2——主、从动轮的转速（r/min）；

T_1、T_2——主、从动轮的转矩（N·m）；

P_1、P_2——主、从动轮的功率（kW）。

带传动的滑动系数

$$\varepsilon = \frac{n_1 - i n_2}{n_1} \times 100\%$$

式中　i——传动比。由于实验台的带轮直径 $d_1 = d_2 = 120\text{mm}$，$i = 1$，所以

$$\varepsilon = \frac{n_1 - n_2}{n_1} \times 100\%$$

带传动的传动效率

$$\eta = \frac{P_2}{P_1} = \frac{T_2 n_2}{T_1 n_1} \times 100\%$$

随着发电机负载的改变，T_1、T_2和n_1、n_2值也将随之改变。这样，可以获得不同工况下的ε和η值，由此可以得出这组带传动的滑动率曲线和效率曲线。

通过改变带的预紧力F_0，又可以得到在不同预紧力下的一组测试数据。

显然，实验条件相同且预紧力F_0一定时，滑动率的大小取决于负载的大小，F_1与F_2之间的差值越大，则产生弹性滑动的范围也随之扩大。当带在整个接触弧上都产生滑动时，就会沿带轮表面出现打滑现象。这时，带传动已不能正常工作。显然，打滑现象是应该避免的。滑动曲线上的临界点（A和B）所对应的有效拉力，是在不产生打滑现象时带所能传递的最大有效拉力。通常，以临界点为界，将曲线分为两个区，即弹性滑动区和打滑区（如图3-5所示）。

实验证明，不同的预紧力具有不同的滑动曲线，其临界点对应的有效拉力也有所不同。从图3-6可以看出，随着预紧力增大，其滑动曲线上的临界点所对应的功率P_2也随之增加，因此带传递负载的能力有所提高，但预紧力过分增大势必对带的疲劳寿命产生不利的影响。

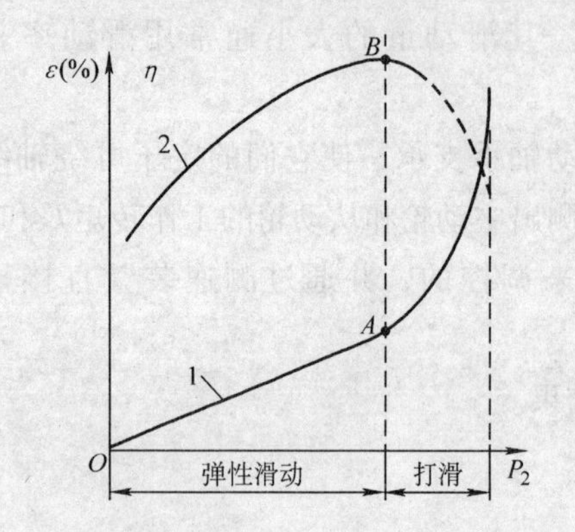

图3-5　滑动率曲线及效率曲线

1—滑动率曲线　2—效率曲线

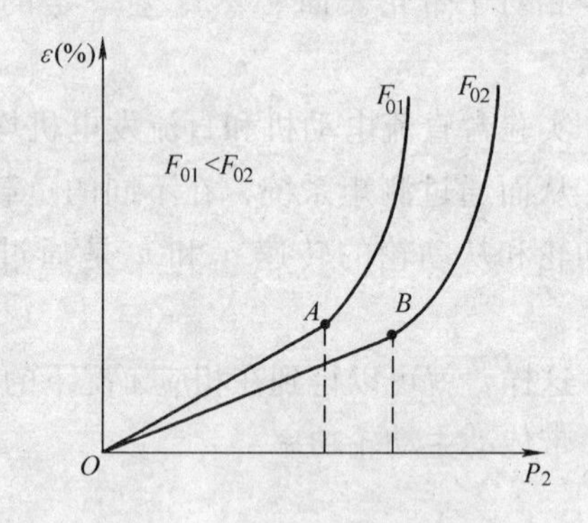

图3-6　带传动滑动曲线图

五、实验步骤

1. PC—B型带传动实验台实验操作步骤

1）实验台应安放在水平平台上（通过调水平螺栓实现）。

2）为了安全，请务必接好地线。

3）接通电源前，先将实验台的电源开关置于“关”的位置，检查控制面板上的调速旋钮，应将其逆时针旋转到底，即置于电动机转速为零的位置。

4）将传动带套到主动轮和从动轮上，轻轻向左拉移电动机，并在预紧装置的砝码盘上加质量为2kg的砝码（要考虑摩擦力的影响）。

5）启动电脑，启动带传动测试软件，进入带传动实验台软件主界面。

6）接通实验台电源（单相220V），打开实验台电源开关。

7）点击进入带传动实验台软件主界面非文字区，进入带传动实验说明界面。

8）单击“实验”按钮，进入带传动实验分析界面。

9）单击“运动模拟”按钮，可以清楚地观察带传动的运动和弹性滑动及打滑现象。

10）沿顺时针方向缓慢旋转调速旋钮，使电动机转速由低到高，直到电动机的转速显示为 $n_1 \approx 1100\text{r/min}$（同时显示出 n_2），此时，转矩显示器也同时显示出直流电动机和直流发电机的工作转矩 T_1、T_2。

11）待稳定后，单击“稳定测试”按钮，实时记录带传动的实测结果，同时将这一结果记录到实验教程中的数据记录表中。

12）单击“加载”按钮，使发电机增加一定量的负载，并将电动机转速调到 $n_1 \approx 1100\text{r/min}$。待稳定后，单击“稳定测试”按钮，同时将测试结果 n_1、n_2 和 T_1、T_2 记录到实验教程中的数据记录表中。重复本步骤，直到 $\varepsilon \geqslant 16\%$ 为止，结束本实验。

13）单击“实测曲线”按钮，显示带传动滑动曲线和效率曲线。

14）增加带的预紧力（将砝码质量增加到3kg），再重复以上步骤10）~13）。经比较实验结果，可发现当预紧力提高时带传动功率提高，滑动率系数降低。

15）实验结束后，首先将负载卸去，然后将调速旋钮沿逆时针方向旋转到底，关掉电源开关，切断电源，取下带的预紧砝码；退出测试系统，并关闭电脑。

16）整理实验数据，写出实验报告。

2. DCS—Ⅱ智能型带传动实验台实验操作步骤

1）根据实验要求加初拉力（挂砝码）。

2）打开电源前，应先将电动机调速旋钮沿逆时针轻旋到头，避免开机时电动机突然起动。

3）打开电源，按一下“清零”键，当力矩显示由“.”变为“0”时，校零结束，此时转速和力矩均显示为“0”。

4）轻调速度旋钮，电动机起动，逐渐增速，最终将转速稳定在1000r/min左右。

5）记录空载时（载荷指示灯不亮）主、从动轮的转速和转矩。

6）按“加载”键一次，加载指示灯亮一个。调整电动机转速，使其保持在预定工作转速内（1000r/min左右），记录主、从动轮的转速和转矩。

7）重复第6）步，依次加载并记录数据，直至加载指示灯全亮为止。

8）根据数据作出带传动的滑动率曲线（P_2—ε）和效率曲线（P_2—η）。

9）先将电动机转速调至零，再关闭电源，以避免以后的使用者因误操作而使电动机突然启动，发生危险。

10）为了便于记录数据，在实验台面板上设置了“保持”键。当每次加载数据基本稳定后，按一下“保持”键，即可使转速和转矩稳定在当时的显示值不变；按任意键可脱离“保持”状态。

六、绘制滑动率曲线和效率曲线

用获得的一系列 T_1、T_2、n_1、n_2值，通过计算又可获得一系列 ε、η 和 P_2（$P_2=T_2n_2$）的值，然后可在坐标纸上绘制 P_2—ε 和 P_2—η 关系曲线，如图3-7所示。

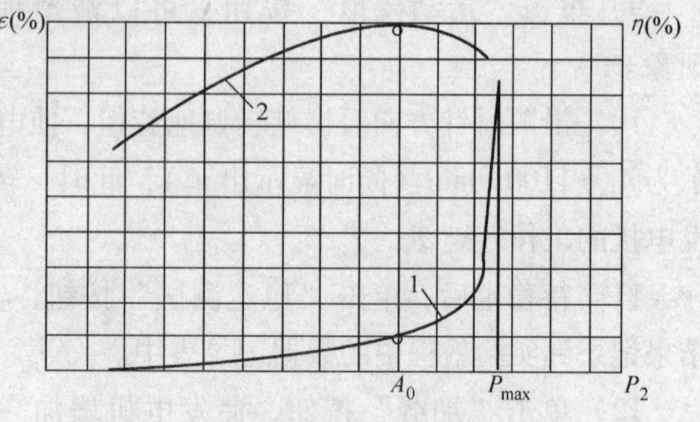

图3-7　带传动滑动率曲线和效率曲线

1—滑动率曲线　2—效率曲线

带传动的滑动率 ε 一般为1% ~ 2%，当 $\varepsilon>3\%$ 时带传动将开始打滑。从图上可以看出，ε 曲线上的 A_0点是临界点，其左侧为弹性滑动区，是带传动的正常工作区。随着负载的增加，滑动率逐渐增加并与负载成线性关系。当载荷增加到超过临界点 A_0后，带传动进入打滑区，不能正常工作，所以应当避免。

七、思考题

1）带传动的弹性滑动和打滑现象有何区别？它们产生的原因是什么？

2）带传动的张紧力对传动力有何影响？最佳张紧力的确定与什么因素有关？

八、附录

带传动实验报告

班　级________________ 学　号________________ 姓　名________________

同组者________________ 日　期________________ 成　绩________________

1. 计算式

主动轮 P_1(W)

$$P_1 = \frac{n_1 T_1}{9550} =$$

从动轮 P_2(W)

$$P_2 = \frac{n_2 T_2}{9550} =$$

滑动率 ε

$$\varepsilon = \frac{v_1 - v_2}{v_1} = \frac{n_1 - n_2}{n_1} \times 100\% =$$

效率 η

$$\eta = \frac{P_2}{P_1} = \frac{T_2 n_2}{T_1 n_1} \times 100\% =$$

式中　T_1、T_2——主、从动轮转矩（N·m）；

n_1、n_2——主、从动轮转速（r/min）。

2. 思考题解答

3. 实验记录计算结果

$$F_0 = 2\text{kg}$$

序号	n_1/(r/min)	n_2/(r/min)	ε（%）	T_1/(N·m)	T_2/(N·m)	η（%）	$P_2 = T_2 n_2$
1							
2							
3							
4							
5							
6							
7							
8							
9							
10							
11							
12							
13							
14							
15							

绘制 P_2—ε 滑动率曲线和 P_2—η 效率曲线。

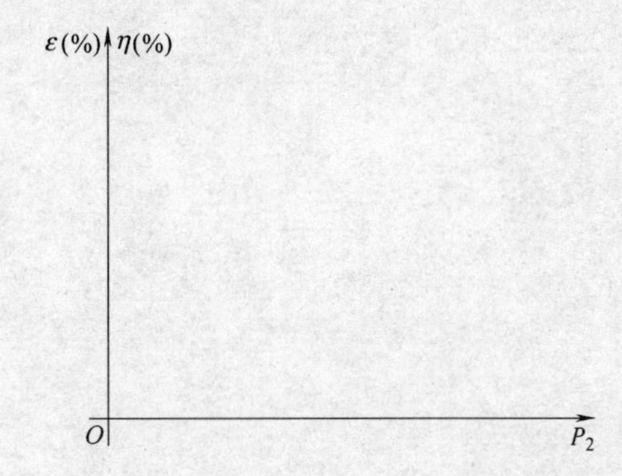

$F_0 = 3\text{kg}$

序号	n_1/(r/min)	n_2/(r/min)	ε (%)	T_1/(N·m)	T_2/(N·m)	η (%)	$P_2 = T_2 n_2$
1							
2							
3							
4							
5							
6							
7							
8							
9							
10							
11							
12							
13							
14							
15							

绘制 P_2—ε 滑动率曲线和 P_2—η 效率曲线。

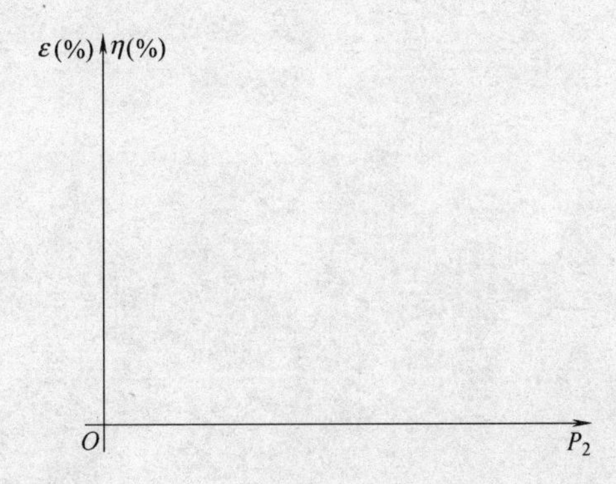

第四章

轴系结构设计与分析实验

说明

＊本实验项目讲述了轴系结构设计、轴系结构分析等内容，涉及轴、轴承、润滑与密封、机座与箱体等章节的知识。每个实验题目都会有五个以上的知识点得到运用。本实验属于综合设计类实验。

＊建议实验时间2～4学时。

一、实验目的

1）熟悉并掌握轴的结构形状、功用、工艺性及轴与轴上零件的装配关系。
2）熟悉轴的结构设计和轴承装置组合设计的基本要求。
3）了解轴及轴上零件的安装、调整、定位与固定方法，轴承的润滑和密封方法。

二、预习内容及准备

1）轴的结构设计要求及轴毂联接方式。
2）滚动轴承的类型及其选择。
3）轴承装置组合设计。
4）准备白纸、铅笔、橡皮、三角板等。

三、实验设备

1. 创意组合式轴系结构设计与分析实验箱

如图4-1所示，实验箱由8类（齿轮、轴、联轴器、轴承端盖、轴套、轴承座、轴承、联接件）、40种、共计159个零件组成，能方便地组合出数十种轴系结构方案，具有开设轴系结构设计和轴系结构分析两大项实验的功能。

2. 工具

游标卡尺、钢直尺、活扳手、内外卡钳等。

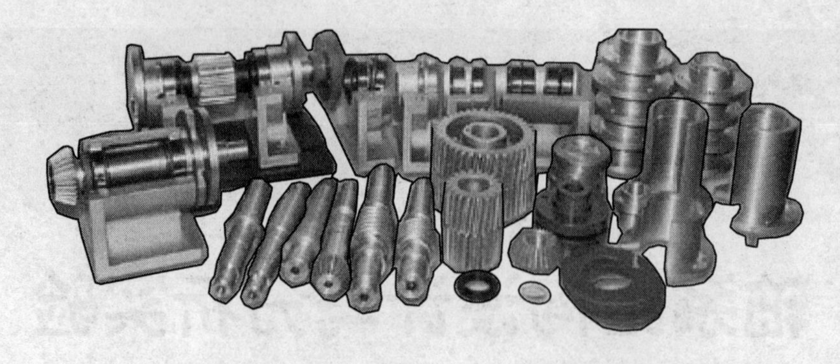

图 4-1　轴系结构设计与分析实验箱零部件展示

四、实验内容

1）指导教师根据表 4-1 选择并安排每组的实验内容（实验题号）。

表 4-1　轴系结构设计与分析实验内容

实验题号	已知条件				
	传动件类型	载荷	转速	其他条件	示意图
1	小直齿轮	轻	低		60　60　70
2		中	高		
3	大直齿轮	中	低		
4		重	中		
5	小斜齿轮	轻	中		60　60　70
6		中	高		
7	大斜齿轮	中	中		
8		重	低		
9	小锥齿轮	轻	低	锥齿轮轴	70　82　30
10		中	高	锥齿轮与轴分开	
11	蜗杆	轻	低	发热量小	l
12		重	中	发热量大	

2）进行轴的结构设计与滚动轴承组合设计。每组学生根据指定的实验内容及要求，进行轴系结构设计，解决轴承类型选择、轴上零件定位与固定、轴承安装与调节、润滑及密封等问题。

3）绘制轴系结构装配图。

4）按要求每人完成一份实验报告。

五、实验步骤

1. 明确实验内容及设计要求

2. 构思轴系结构方案

1）根据齿轮类型及载荷选择滚动轴承的型号。

2）确定支承轴承固定方式（两端固定；一端支点固定、一端支点游动）。

3）根据齿轮转速（高、中、低）确定轴承润滑方式（脂润滑、油润滑）。

4）选择端盖形式（凸缘式、嵌入式）并考虑透盖处的密封方式（毛毡圈、橡胶密封圈、油沟等）。

5）考虑轴上零件的定位与固定、轴承间隙调整等问题。

6）绘制轴系结构方案示意图。

3. 组装轴系部件

根据轴系结构方案示意图，从实验箱中选取合适的零件并进行组装，检查所设计组装的轴系结构是否正确。

4. 绘制轴系结构草图

5. 拆卸、测量并标注

拆卸轴系结构，测量零件结构尺寸，把测量数据标注在绘制好的轴系结构草图上。

6. 整理实验工具

将所有零件放入实验箱内的规定位置。

六、常见轴承固定及轴系配置方法

1. 轴向紧固的常用方法（如图 4-2 ~ 图 4-4 所示）

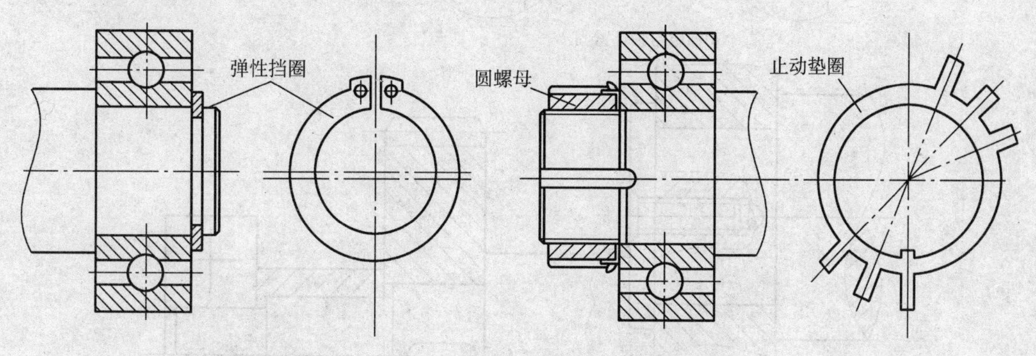

a)轴用弹性挡圈紧固　　b)圆螺母和止动垫圈紧固

图 4-2　内圈轴向紧固的常用方法

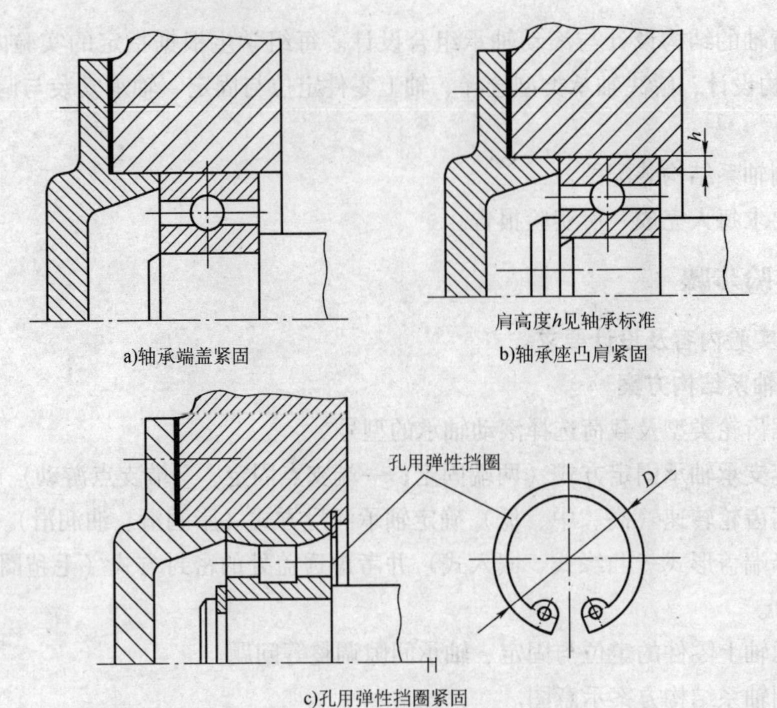

a)轴承端盖紧固　　b)轴承座凸肩紧固

c)孔用弹性挡圈紧固

图 4-3　外圈轴向紧固的常用方法

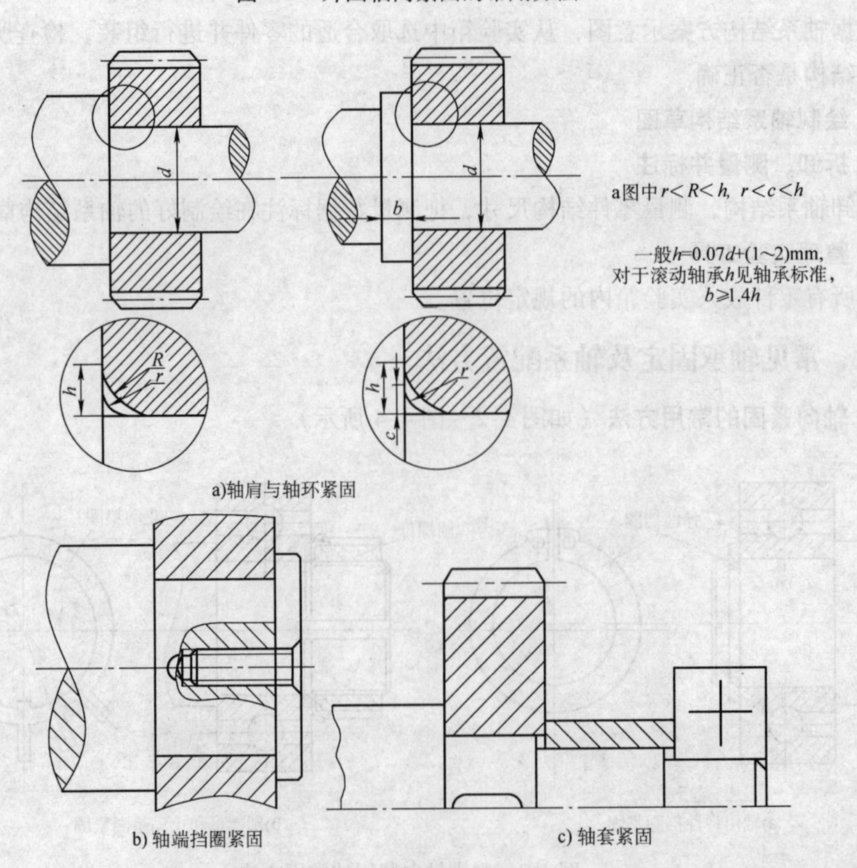

a)轴肩与轴环紧固

b) 轴端挡圈紧固　　c) 轴套紧固

图 4-4　其他紧固常用方法

2. 两端固定（如图 4-5 ~ 图 4-10 所示）

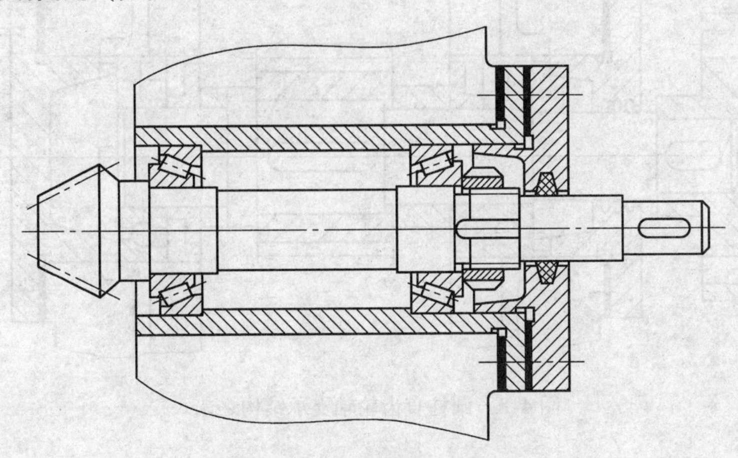

图 4-5　锥齿轮轴支承结构之一

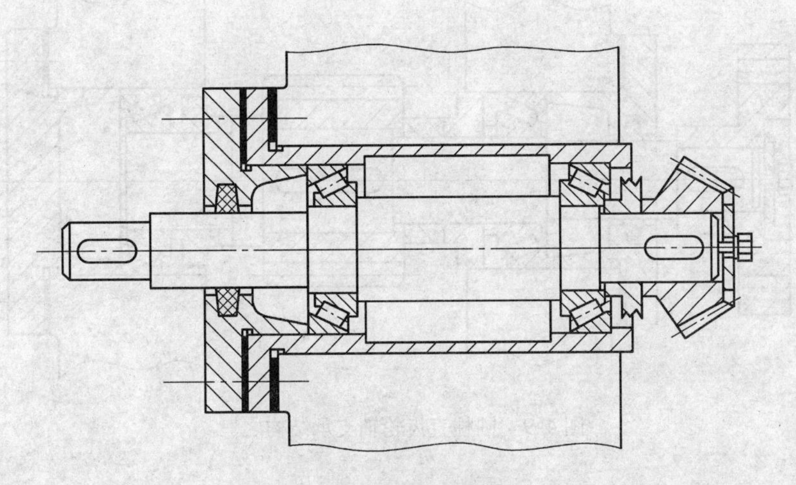

图 4-6　锥齿轮轴支承结构之二

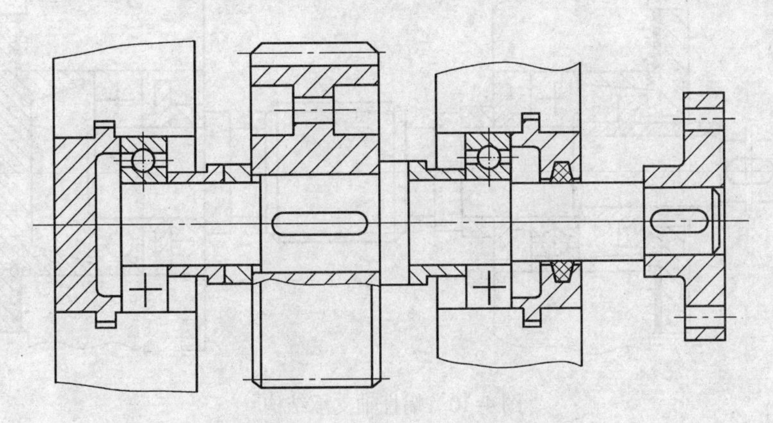

图 4-7　圆柱直齿轮轴支承结构之一

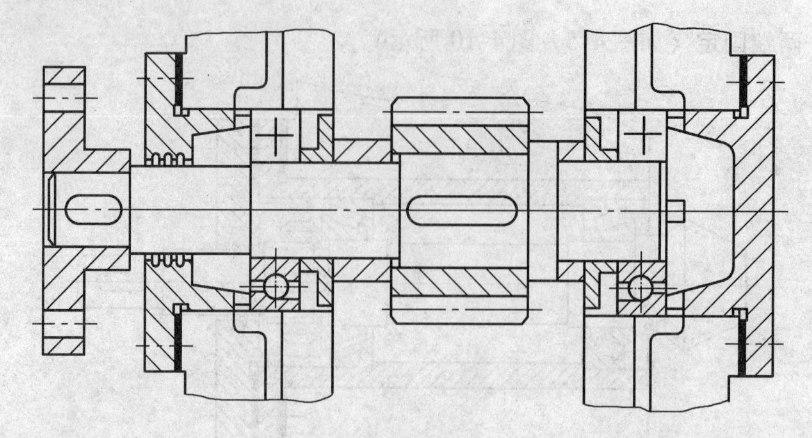

图 4-8　圆柱直齿轮轴支承结构之二

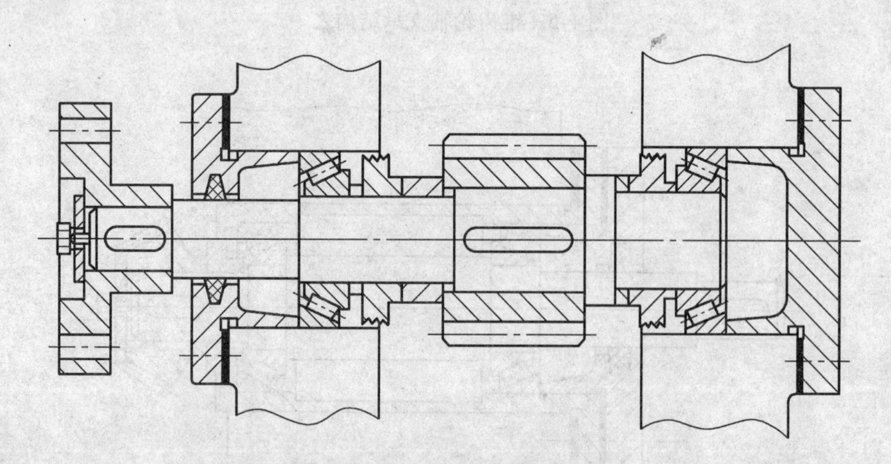

图 4-9　圆柱直齿轮轴支承结构之三

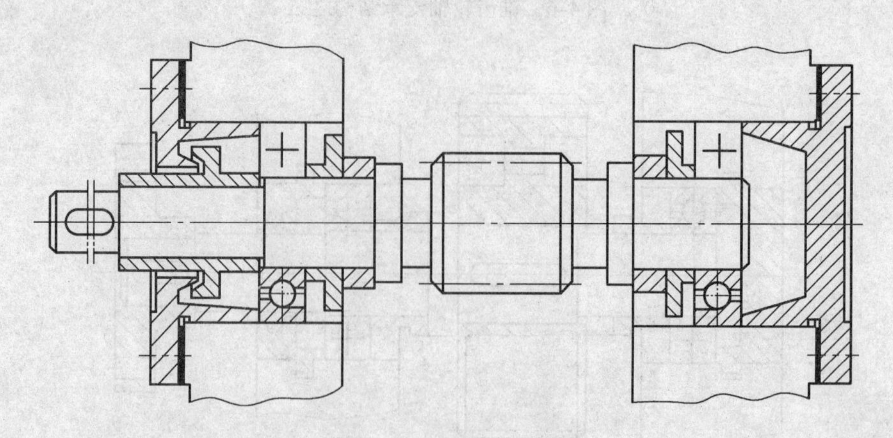

图 4-10　蜗杆轴支承结构

3. 一端支点固定，另一端支点游动支承（如图 4-11 ~ 图 4-13 所示）

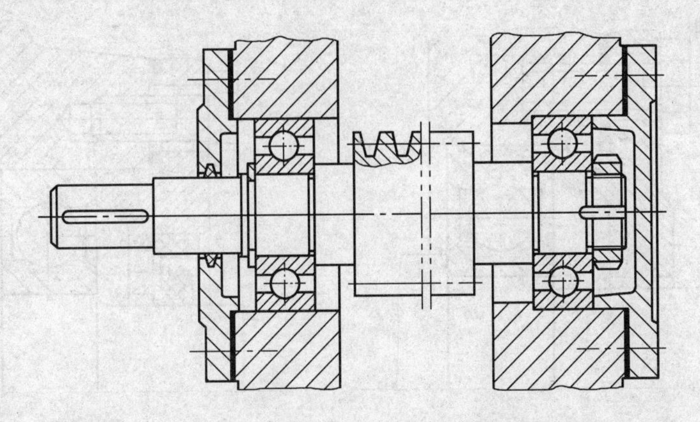

图 4-11 一端支点固定，另一端支点游动支承方案之一

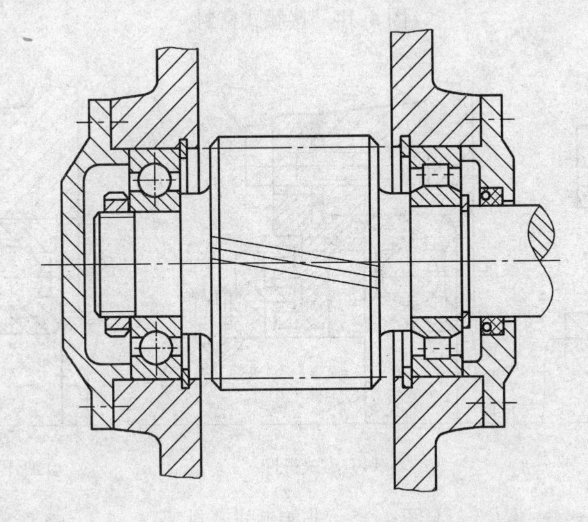

图 4-12 一端支点固定，另一端支点游动支承方案之二

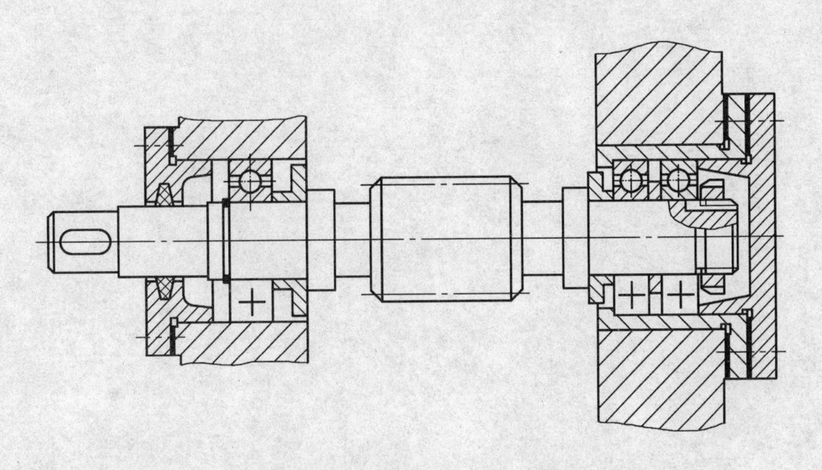

图 4-13 一端支点固定，另一端支点游动支承方案之三

4. 滚动轴承的密封（如图 4-14 ~ 图 4-15 所示）

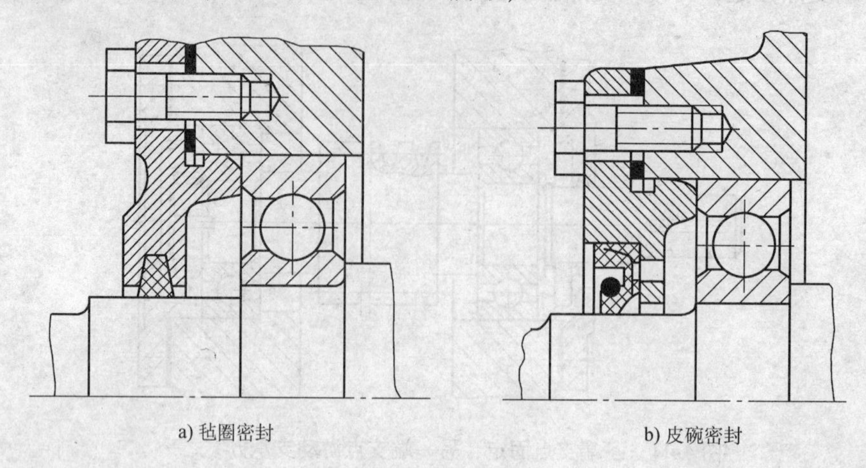

a) 毡圈密封　　b) 皮碗密封

图 4-14　接触式密封

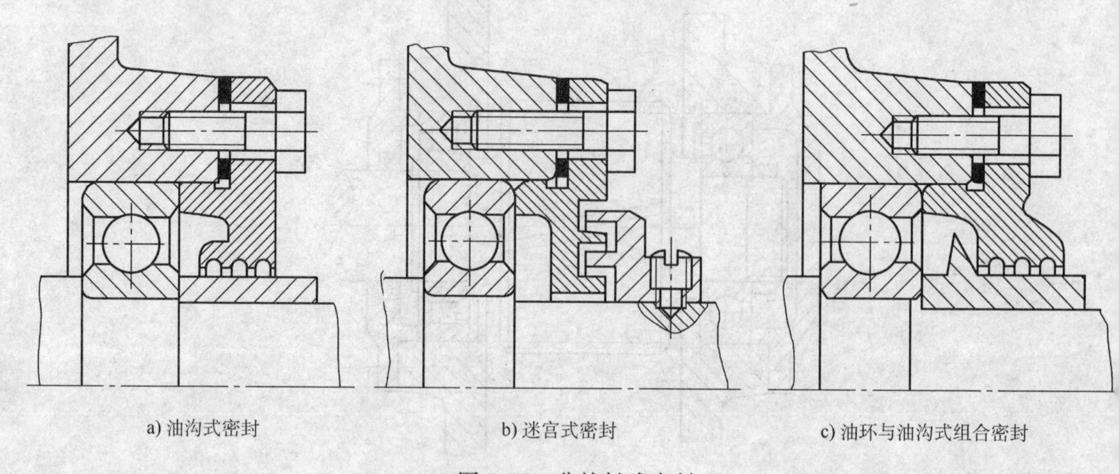

a) 油沟式密封　　b) 迷宫式密封　　c) 油环与油沟式组合密封

图 4-15　非接触式密封

七、附录

轴系结构设计实验报告

班　级________________ 学　号________________ 姓　名________________

同组者________________ 日　期________________ 成　绩________________

1. 实验目的

2. 实验内容

实验题号：

已知条件：

3. 实验结果

（1）轴系结构装配图（附 A3 图纸）　根据结构草图及测量数据，在 A3 图纸上用1∶1的比例绘制轴系结构装配图，要求装配关系正确，并注明必要的尺寸（如轴承跨距、主要外形尺寸、主要配合尺寸等），填写标题栏和明细表。

（2）轴系结构设计说明（说明轴上零件的定位、固定，滚动轴承的安装、调整、润滑与密封方法）。

第五章

减速器拆装实验

说明

*减速器是将原动机的运动与动力传递到工作机的工作单元。通过减速器拆装实验，认识轴与轴上零件之间的几何关系、定位关系、配合关系、装配关系以及减速器结构与功能之间的关系，为机械设计课程设计打下坚实的基础。本实验属于综合类实验，适合机械设计及机械设计基础课程安排有课程设计的所有专业。

*建议实验时间2学时。

一、实验目的

1）了解减速器铸造箱体的结构以及齿轮和轴系等的结构。

2）了解轴上零件的定位和固定、齿轮和轴承的润滑、密封以及减速器附属零件的作用、构造和安装位置。

3）熟悉减速器的拆装和调整过程，了解拆装工具和结构设计的关系。

二、实验设备

本实验可供的减速器包括单级圆柱齿轮减速器（图5-1）、单级圆锥齿轮减速器（图5-2）、双级圆锥圆柱齿轮减速器（图5-3）、展开式双级圆柱齿轮减速器（图5-4）、分流式双级圆柱齿轮减速器（图5-5）、同轴式双级圆柱齿轮减速器（图5-6）、单级蜗杆减速器（图5-7）和新型单级圆柱齿轮减速器（图5-8）。

三、实验工具

1）拆装工具：活扳手、套筒扳手和锤子。

2）测量工具：内、外卡钳，游标卡尺和钢直尺。

四、实验内容

1）了解铸造箱体的结构。

2）观察和了解减速器附件的用途、结构和安装位置的要求。

3）测量减速器的中心距和中心高，箱座上、下凸缘的宽度和厚度，肋板厚度，齿轮端面与箱体内壁的距离，大齿轮齿顶圆（蜗轮外圆）与箱体内壁之间的距离，轴承端面至箱体内壁之间的距离等。

4）观察、了解蜗杆减速器箱体内侧面（蜗轮轴方向）的宽度与蜗轮轴的轴承盖外圆之间的关系，仔细观察蜗杆轴承的结构特点，思考提高蜗杆轴刚度的方法。

5）了解轴承的润滑方式和密封装置，包括外密封的形式、轴承内侧挡油环、封油环的工作原理及其结构和安装位置。

6）了解轴承的组合结构，轴承的拆卸、装配、固定以及轴向游隙的调整；测绘高速轴轴系部件的结构草图，并对齿轮受力进行定性分析。

7）课后回答思考题，完成实验报告。

五、实验步骤

1. 拆卸

1）仔细观察减速器外表面各部分的结构。

2）用扳手拆下观察孔盖板，考虑观察孔位置是否恰当，大小是否合适。

3）拆卸箱盖

a. 用扳手拆下轴承端盖的紧定螺钉。

b. 用扳手拆卸箱盖、箱座之间的联接螺栓和定位销钉。将螺栓、螺钉、垫圈、螺母和销钉等放入塑料盘中，以免丢失。然后，拧动起盖螺钉卸下箱盖。

4）仔细观察箱体内各零件的结构以及位置，思考如下问题：对轴向游隙可调的轴承应如何进行调整？轴承是如何进行润滑的？若箱座和箱盖的结合面上有回油槽，则箱盖应采用怎样的结构才能使飞溅在箱体内壁上的油流回箱座上的回油槽中？回油槽有几种加工方法？为了使润滑油经油槽进入轴承，轴承盖端面结构应如何设计？在何种条件下滚动轴承的内侧要用挡油环或封油环？其工作原理、构造和安装位置如何？

5）测量有关尺寸，并填入实验数据记录表中。

6）卸下轴承盖，将轴和轴上零件随轴一起取出，按合理顺序拆卸轴上的零件。

7）测绘高速轴及其支承部件的结构草图。

2. 装配

按原样将减速器装配好。装配时按先内后外的顺序进行；装配轴和滚动轴承时，应注意方向，并按滚动轴承的合理装拆方法进行装配。装配完成后，经指导教师检查合格才能合上箱盖。装配箱座、箱盖之间的联接螺栓前，应先安装好定位销钉。

六、注意事项

1）实验前要预习有关内容，初步了解减速器装配图。

2）拆装前要仔细观察零部件的结构及其位置，考虑好合理的拆装顺序。切忌盲目拆装。卸下的零件要妥善放好，避免丢失或损坏。

3）爱护工具及设备，仔细拆装，使箱体外的油漆少受损坏。

七、思考题

1）如何保证箱体支承具有足够的刚度？

2）轴承座两侧的箱座箱盖联接螺栓应如何布置？

3）支承螺栓凸台高度应如何确定？

4）如何减轻箱体的重量和减少箱体加工面积？

5）各零件有何用途？安装位置有何要求？

八、附录

附录5-1　实验设备展示

图5-1　单级圆柱齿轮减速器

图 5-2　单级圆锥齿轮减速器

图 5-3　双级圆锥圆柱齿轮减速器

图 5-4　展开式双级圆柱齿轮减速器

图 5-5　分流式双级圆柱齿轮减速器

图 5-6　同轴式双级圆柱齿轮减速器

图 5-7　单级蜗杆减速器

图 5-8　新型单级圆柱齿轮减速器

附录5-2　减速器拆装实验报告

班　级＿＿＿＿＿＿＿＿ 学　号＿＿＿＿＿＿＿＿ 姓　名＿＿＿＿＿＿＿＿
同组者＿＿＿＿＿＿＿＿ 日　期＿＿＿＿＿＿＿＿ 成　绩＿＿＿＿＿＿＿＿

1. 实验目的

2. 实验数据记录表

名　称	符　号	数　据
中心距	a	
中心高	H	
箱盖凸缘的厚度	B_1	
箱盖凸缘的宽度	b	
箱座底凸缘的厚度	B_2	
箱座底凸缘的宽度	K_1	
凸台高度	h	
上肋板厚度	M_1	
下肋板厚度	M_2	
大齿轮端面与箱体内壁的距离	Δ_2	
大齿轮齿顶圆与箱体内壁的距离	Δ_1	
轴承端面至箱体内壁的距离	l_1	
轴承端面至箱体外壁的距离	l_2	
轴承端盖外圆直径	D	

3. 高速轴部件装配草图

4. 啮合齿轮受力分析

5. 思考题解答

第六章

“慧鱼”创意组合实验

说明

* 著名教育家蒙特梭利说：学生听了就忘，看了就记住，做了就明白了。基于这种指导思想，我们利用德国“慧鱼”创意组合模型，编写了如下既适合课内实验也适合课外开放活动的“创意组合实验”指导书。本实验属综合类创新设计实验，适合机类、近机类及学有余力的各专业学生开展课外科技创新活动使用。

* 本实验建议少占用或不占用课内实验学时，而安排在学生课外科技活动时间较好。

一、实验目的

1）认识德国“慧鱼”创意组合模型的整体思路和概况，了解该模型的功能；初步学会各种构件的拼接安装方法。

2）对“机械原理”、“机械设计基础”等课程中的机构用模型加以实现，以进一步了解各种机构的性能和特点，并尝试把各种机构加以组合。

3）通过创意组合模型的搭建，在一个不断尝试并改进的过程中学会一些技术概念，培养自己的创造性思维能力。

4）通过构件的安装、拼接、组合、调整，不断完善自己的构思和创意，提高动手能力。

二、实验要求

1）动手搭建之前要看懂实验指导书，了解该模型的功能，并弄清楚构件及运动副的安装、连接方法。

2）对按图搭建的模型要清楚该模型的最终目的，实现这些目的都用了哪些机构，列出组合路线；对于创新机构，要进行总体方案的制定，实现方案的方法和步骤。在此过程中，要考虑结构是否合理，机构的各构件之间有无干涉现象等。

3）组装好的模型要能实现预期的功能目标，运动要连续，结构要合理，外形要美观。

4）按要求完成实验报告或研制报告，写出简要的设计说明书，画出机构运动简图，分析机构的应用情况及创新之处。

三、实验任务和实验安排

第一阶段为了解功能、学习使用及兴趣培养等基础训练阶段。该阶段可在“机械原理”、“机械设计基础”、“精密机械设计”等课程中安排2～4学时的实验，也可以全部安排在课外进行。该阶段主要是认识该实验的整体思路和实验设备的概况，了解各种模型的功能；初步学会各种构件的连接及将各种构件拼接安装成运动副的方法。在此基础上制作一些机构模型，以认识机构原理和特征，为进一步开展课外探索与研究积累经验和培养兴趣。在指导教师的安排下，学生可从附录6-2中任意选择2～6个模型进行制作，并按要求完成实验报告。

第二阶段为提高和创新阶段。该阶段主要在课外进行，安排10～16学时的实验，分成机器人技术、气动技术、传感器技术、汽车技术、控制与编程技术、机构创新等板块，供有兴趣的同学系统地学习和探索。各板块都有相应的模型可以训练，使学生能够基本掌握该实验设备的各种功能并灵活运用。可以做到把平时思维中有关机构的闪光点用模型体现出来，以验证想法的可行性，发现问题，改正不足，进而完善机构、创新机构。实验完成后按要求写出研究报告。该阶段内容不作强制要求，有兴趣的同学可选做其中的部分板块或全部板块。

四、实验设备与工具

1. 德国“慧鱼”创意组合模型

“慧鱼”创意组合模型是通过各种构件（功能模块）组合拼装而成的，因此，“构件”是模型的最小组成部分。通过不同构件的任意组合，可以模仿或创新出不同的机构、机器人、工业流水线等模型。

（1）构件的分类　构件大体可分成机械构件、电气构件、气动构件等几大类。机械构件主要包括：齿轮（圆柱齿轮、锥齿轮、内啮合齿轮、外啮合齿轮）、齿轮轴、齿条、蜗轮、蜗杆、凸轮、链条、履带、弹簧、曲轴、万向联轴器、差速器、齿轮箱、连杆、铰链等。电气构件主要包括：直流电动机（9V双向）、红外线发射接收装置、传感器（光敏、热敏、磁敏、触敏）、发光器件、电磁阀、接口电路板、接口扩展电路板直流变压器等。接口电路板含电脑接口板、PLC接口板等，其中PLC接口板可以实现电平转换。红外线发射接收装置由一个红外线发射器和一个微处理器控制的接收器组成，有效控制范围为10m，可分别控制3个电动机。气动构件主要包括：储气罐、气缸、活塞、弯头、电磁阀、气管等。

（2）构件材料　所有构件主料均采用优质的尼龙塑胶，辅料采用不锈钢芯、铝合金架等材料。

（3）构件连接方式　基本构件采用燕尾槽插接方式连接，可实现六面拼接。通过对各种构件进行拆装可组成各种教学、工业模型。

（4）控制方式　可通过电脑接口板或PLC接口板对模型进行编程控制。

（5）软件　用电脑控制模型时，采用LLWIN软件或高级语言如C、C++、VB等编程。

LLWIN 软件是一种图形编程软件，简单易用，可实现对实验模型的实时控制。用 PLC 控制器控制模型时，采用梯形图编程。

（6）主要用途

1）培养学生创新能力。

2）教学演示及实验。

3）PLC、电脑编程培训和验证。

4）工业模拟及培训。

（7）主要板块功能简介　基于上述构件和控制方式，配上部分特色构件，就可以组成如下特色板块：

1）工程技术板块。该板块包括机械组、电子控制组和结构组。**机械组包括：**旋转动作、动力传输、齿轮系统、杠杆和连杆等。通过齿条、齿轮、螺杆实现直线运动和旋转运动的相互转换。通过凸轮、曲柄、滑块、杠杆、链传动、滑轮传动和带传动将旋转运动转换成往复运动和摆动运动。此外还涉及齿轮比、速度比和效率等。**电子控制组包括：**简单回路——并联和串联；电路图和电路符号；用开关控制设备；“与”、“或”门配置等。**结构组包括：**快速搭建简单结构，引导学生从设计体系中树立针对特定对象和特定工作情况进行服务的技术概念。通过对本板块的实验，学生可加深对结构、刚性、支承肋和加强肋、三脚架结构、平稳和重心等技术概念的认识。

2）万用组合包板块。本实验中的基础训练主要依据该板块进行。本章附录 6-2 中的模型示例也多是以该板块构件搭建而成。每套万用组合包中包含 119 种、450 多个构件。它们不仅可以搭配出生活中常见的机器，如电风扇、食品搅拌机、缝纫机、天平等，还可以搭建出一些工业生产、建设中使用的模型，如石油钻机、建筑起重机、钢锯、刨床等。每套万用组合模型中包含的零件形状、编号及数量见本章附录 6-1。

3）实验机器人板块。实验机器人能实现多种控制方式及多种模型设计，适用于机电一体化、工业自动控制、机械创新设计等课程，推荐采用 PLC 控制技术对实验机器人进行控制。

4）气动机器人板块。该板块包括气动门、分拣机、加工中心等模型。通过电脑编程控制各类气动元件的组合动作，完成工件的传递、加工、转移、归类等系列动作。

5）工业机器人板块。该板块包括翻转机、柱式机械手、全自动焊接机、4 自由度机械手等模型。这些模型在工业生产中都可以找到原型，表现了工件被翻转、运送、焊接的各个过程。这些模型既可以单独使用，也可以联合起来组成一套闭环加工系统。

6）移动机器人板块。该板块包含光牵引机器人、躲避障碍物机器人、躲避边缘机器人等功能各异，各具特色的模型。如光牵引机器人能寻找水平方向的光源并沿着光源方向前进，模型中两个电动机分别控制两个前轮，实现左转、右转、前进、后退等功能。

7）双工作台流水线板块。该板块包括双工作台、4 条传送带、8 个直流电动机、4 个终端接触开关、5 个光感应器（由光电晶体管和透镜灯泡组成）等部件。模型可由 9V 或 24V 直流变压器供电。整个板块采用 U 形排列方式布置。

8）带输送带的冲床板块。该板块包括 2 个直流电动机，2 个终端接触开关，5 个光感应器（由光电晶体管和透镜灯泡组成）等部件，可由 9V 或 24V 直流变压器供电。

9）三自由度机械手板块包含三轴机械手机构，4 个可在 9V 或 24V 直流电压下工作的直流电动机，4 个限位开关，4 个脉冲计数器等部件。机械手的自由度数为 3 个，分别为可实现 180°旋转的轴 1、可在水平方向上 100mm 范围内前进或后退的轴 2，以及可在竖直方向上 160mm 范围内升降的轴 3。

10）自然能源板块。当前人类生存所需能源大多来源于石油、天然气、煤炭甚至核能。这些能源不是数量有限，就是存在着或多或少的缺陷。寻找取之不尽的可再生能源，是目前全球共同关注的重要话题。自然能源板块讲述了将水、风、太阳等自然资源转换为电能的过程。包括锤磨机、风车、太阳能车、旋转秋千等模型。通过这些模型，不仅能使学生掌握能量、功、功率的概念及运算，更重要的是可以使他们了解到各种能源是如何转换为电能，怎样存储起来并带动模型运转的。

11）仿生机器人板块。仿生技术是一门新兴技术，它模拟自然界万事万物的运转方式，提高各种机器的使用速度和效率。运用智能接口板、LLwin 软件，并结合“平面连杆机构”开发出各种活灵活现的机器人，能模仿甲壳虫、螃蟹等动物，用四条腿或多条腿行走。通过软件编程控制，它们不仅可以前后、左右移动，而且还能躲避障碍物。

12）传感技术板块。该板块包括自动烘手机、自动门、磁性物质分选机等模型。传感器在生活中已被广泛应用。该板块包含磁敏、光敏、热敏三种传感器。通过本板块，学生可以了解到机器是如何在传感器的帮助下自动完成工作的，也可以进一步发挥想象力及创造力，制作出自己设计的自动机器。

13）气动传动板块。该板块包括推土机、挖土机、吊车、铲车、装货车、抓取机等模型。模型自带压缩气源，通过开关和电磁阀的组合，能够完成各个方向的运动。

14）太阳能技术板块。太阳每天能提供给人们无尽的能量。太阳能板块里的所有模型生动地展示了太阳能转换为电能而被运用到实际生活中的过程，包括太阳能风扇、太阳能转椅、太阳能油泵等。

15）汽车技术板块。该板块包括换挡机构、差动轮系、方向操纵机构、可在 9V 或 24V 直流电压下工作的直流电机、轮胎等部件。通过对该板块的搭建与实践，学生可明白下列问题：汽车加速踏板与轮子之间是如何传动的？为什么爬山时挂低挡而下山时挂高挡？转向和驱动系统如何配合？汽车变速装置是怎样的？

2. 实验工具

学生自备纸、笔和绘图工具。

五、常用件的安装、连接方法

1. 块与块之间的连接

块与块之间的连接如图 6-1 所示。

2. 结构件的连接

结构件的连接如图 6-2 所示。

3. 轮子与轴的连接

轮子与轴的连接如图 6-3 所示。

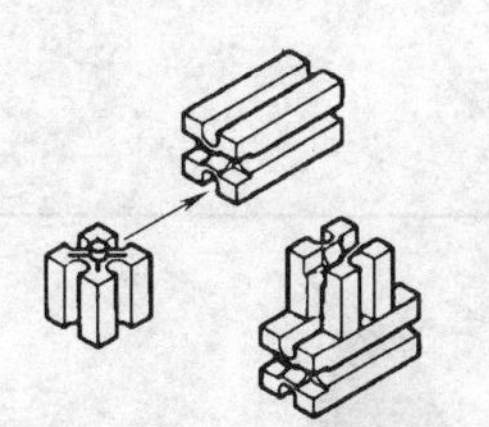

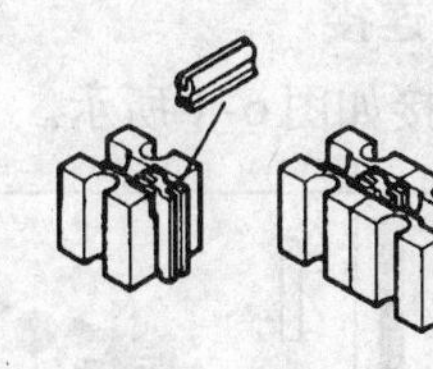
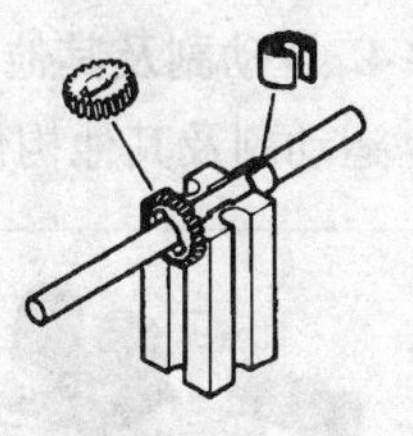

把桩头滑入槽中就可实现块与块的连接　　T形连接器可以把槽变成桩头　　连接条使块与块、面与面连接　　用垫片和弹性圈固定轴

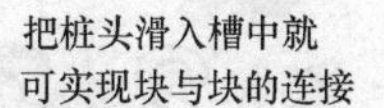

这个组件使两个轴相连

图6-1　块与块连接图

除了使用标准的接插连接件外，还可以通过插入旋转钉来连接条状构件

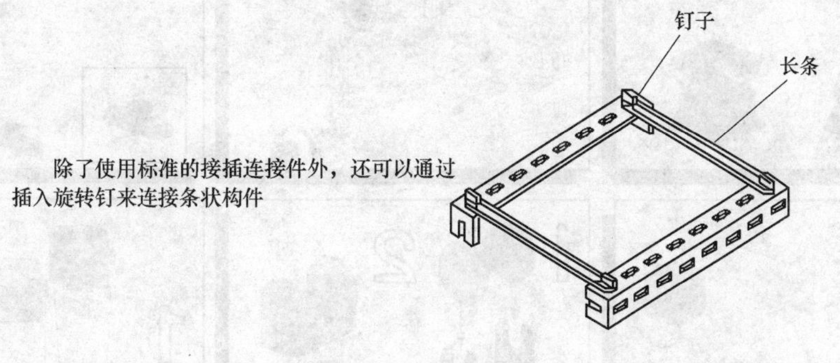

图6-2　结构件的连接

大部分的轮子是由螺母和抓套固定在轴上的

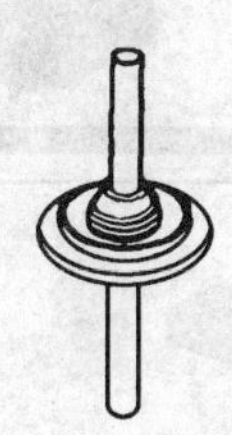
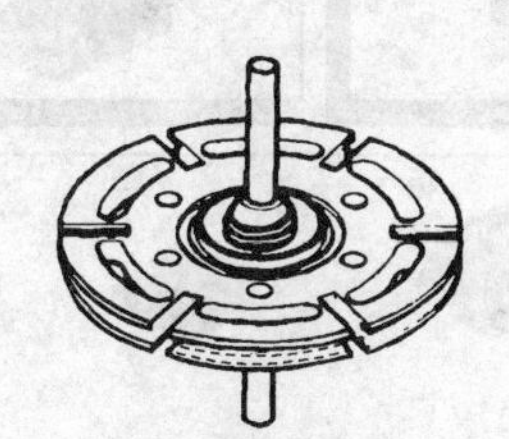
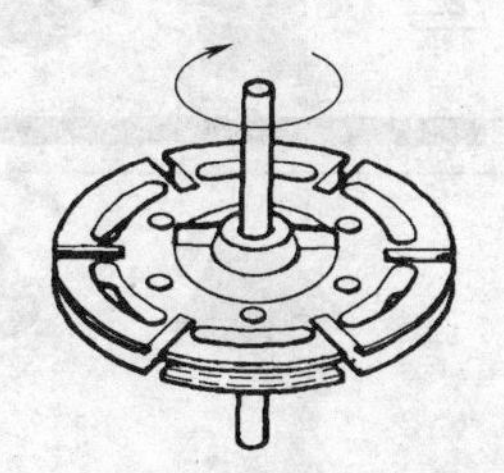

螺母　　抓套　　1）把抓套装在轴上　　2）把轮子放在抓套上　　3）旋紧螺母

下图是一些抓套稍有差别的紧固单元

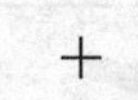

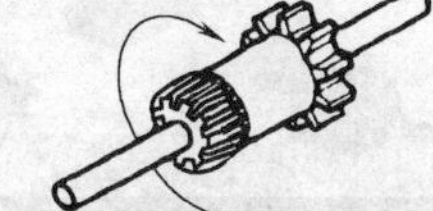

图6-3　轮子与轴连接图

4. 运动副及其他构件的连接

运动副及其他构件的连接如图 6-4 所示。

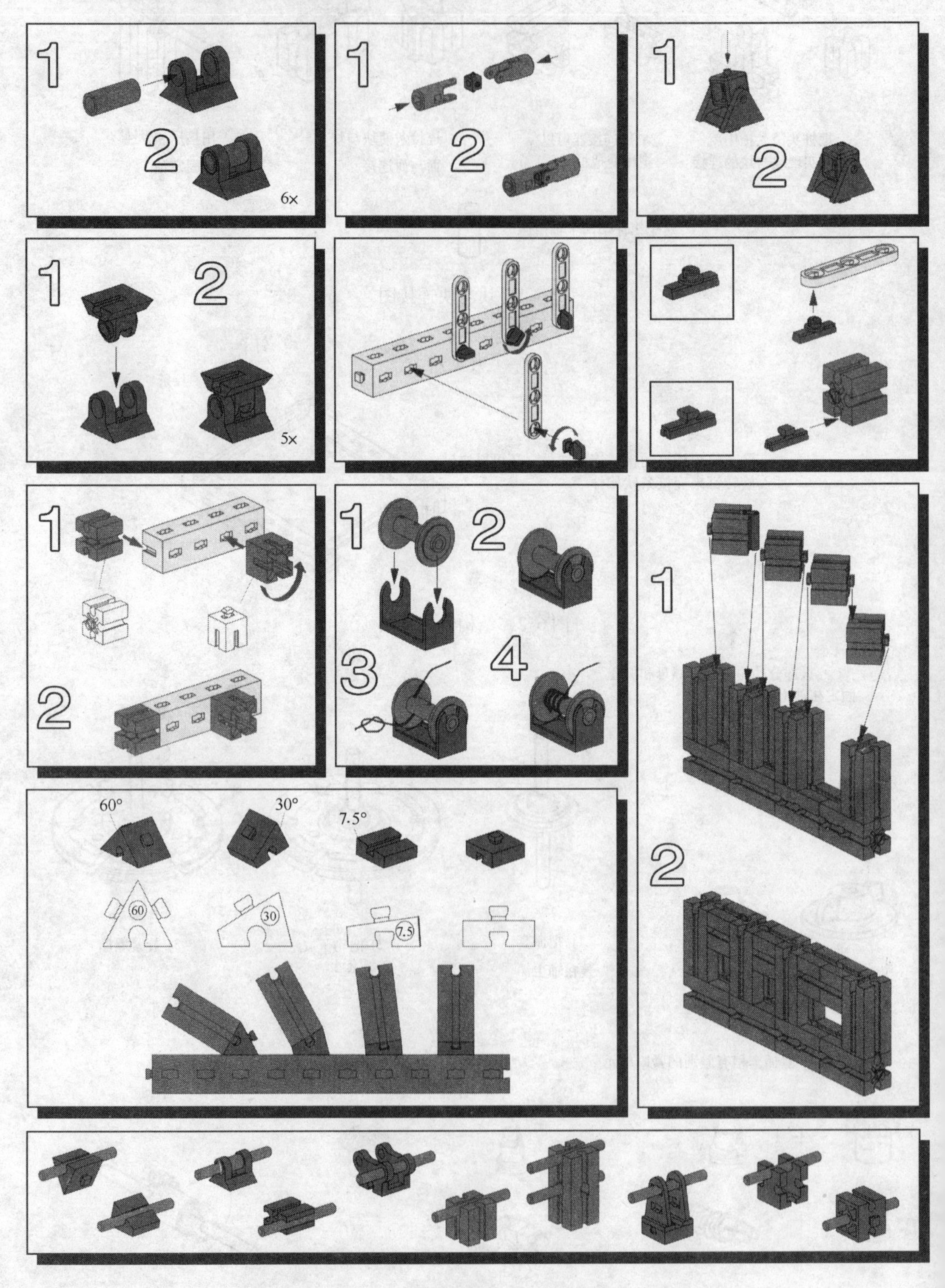

图 6-4 运动副及其他构件连接图

5. 接线方法

（1）确定导线的长度　导线长度的确定请参考每个组合包中操作手册里的推荐数值，也可以根据自己模型的实际位置以及走线的合理布置选择合适的长度。

（2）接线头的连接方法　接线头的连接方法如图6-5所示。

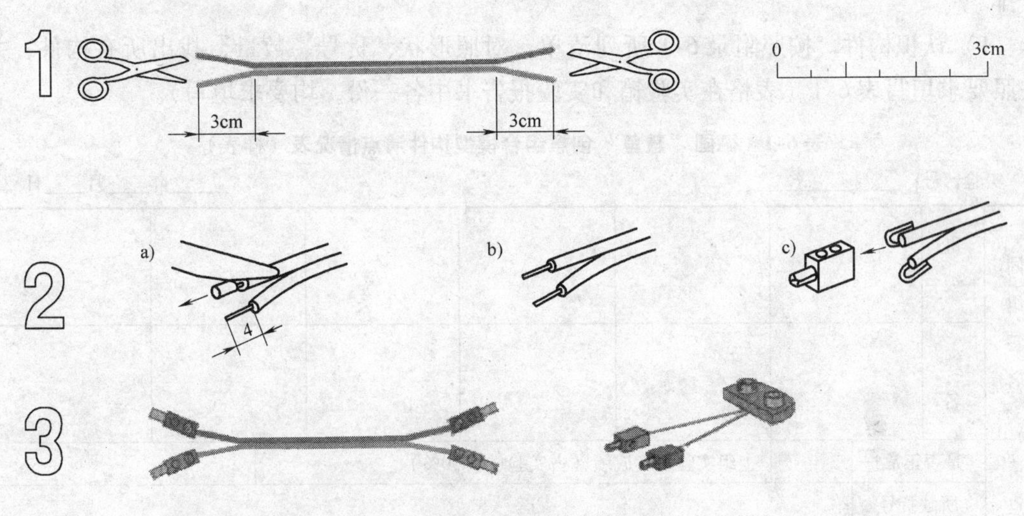

图6-5　接线头连接图

6. 控制板与电动机及传感器连接方法

控制板与电动机及传感器的连接方法如图6-6所示。

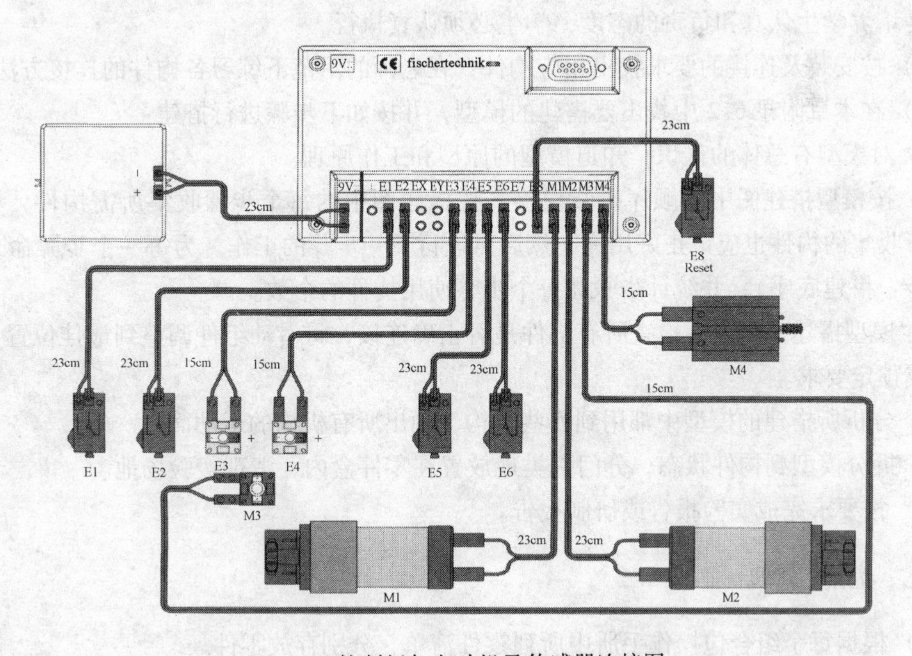

图6-6　控制板与电动机及传感器连接图

六、实验步骤

本实验步骤主要针对初次参加创意组合实验的学生。所有参与该实验活动的学生都要经过这样的基本训练，然后才有资格参与后续的活动。后续活动的具体内容由指导老师安排。

1）认识构件。按照附录6-1所列清单，对照形状、货号、数量，找出所有构件，并按照要求填写表6-1（表格在实验箱和实验报告书中各一份，均要求填写）。

表6-1　德国“慧鱼”创意组合模型构件清点情况表（样表）

实验台号：__________　　　　____年___月___日

<table>
<tr><td rowspan="2">同组签名</td><td>班级</td><td></td><td></td><td></td><td></td><td></td><td></td></tr>
<tr><td>姓名</td><td></td><td></td><td></td><td></td><td></td><td></td></tr>
<tr><td rowspan="4">清点结果</td><td>是否正常?</td><td></td><td colspan="3">上组实验态度成绩（占实验成绩30%）</td><td colspan="2"></td></tr>
<tr><td>所缺货号</td><td colspan="6"></td></tr>
<tr><td>破损货号</td><td colspan="6"></td></tr>
<tr><td colspan="2">是否配缺或调换破损?</td><td colspan="5"></td></tr>
</table>

该步骤的主要目的是使学生认识和熟悉各种构件，为下面步骤的顺利进行奠定基础；其次是培养学生认真和负责的态度，学生必须认真执行。

2）按安装及连接的要求找出相应构件，在老师的示范下练习各构件的连接方法。

3）在本章附录6-2中找出要搭建的模型，并按如下步骤进行搭建：

a. 对模型有总体的认识，知道模型的原型和工作原理。

b. 按模型搭建图中的顺序拼装模型。按搭建图中的每个步骤收集所需构件，该步完成后所收集的构件也应该正好用完，然后再进行下一步骤的工作。为每一个步骤命名（如第一步：搭建底座），并统计步骤和每个步骤使用构件的个数。

c. 模型搭建完成后，检查所有部件是否正确连接，将滑动组件调整到最佳位置，使模型完成预定要求。

d. 分析所搭建的模型中都用到哪些机构，画出所有机构的运动简图。

e. 拆分模型到构件状态，分门别类地放置在零件盒内，清理实验场地。

4）按要求完成实验报告或研制报告。

七、注意事项

1）根据每个组合包操作手册中所列零件清单，分别存放零件。

2）做实验时按需领取零件。做完实验后要把所有零件分门别类地放回原处，尤其是要避免小零件的丢失和损坏。

3）装配机械模型过程中，要注意零件的尖角，避免划伤。

4）模型编程调试前必须进行接口测试，经过手动调试后方可进行实验。

八、附录

附录6-1 万用组合包零件清单

图	编号/数量	图	编号/数量	图	编号/数量	图	编号/数量
60°	31010 8 ×		31054 1 ×		31674 2 ×		31999 1 ×
30°	31011 6 ×		31058 4 ×		31690 4 ×		32064 9 ×
	31016 2 ×	15	31060 8 ×		31771 1 ×	7.5°	32071 4 ×
	31019 1 ×	30	31061 3 ×		31772 1 ×		32085 4 ×
	31020 1 ×		31124 1 ×		31848 6 ×		32316 2 ×
	31021 2 ×		31422 1 ×		31915 1 ×		32330 2 ×
	31022 1 ×		31426 5 ×		31918 1 ×		32850 7 ×
110	31031 2 ×		31436 11 ×		31982 10 ×		32854 2 ×
	31053 1 ×		31597 5 ×		31983 5 ×		32859 3 ×

（续）

	32869 1 ×		35054 2 ×		35071 1 ×		35945 6 ×
	32870 1 ×		35055 2 ×		35073 7 ×		35971 2 ×
	32879 6 ×		35058 2 ×		35076 10 ×		35972 1 ×
	32880 2 ×		35061 5 ×	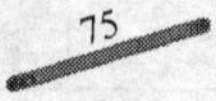	35087 3 ×		35973 1 ×
	32881 10 ×		35062 2 ×		35088 2 ×		35977 1 ×
	32882 4 ×		35063 3 ×		35112 1 ×		35980 4 ×
	35031 4 ×		35064 4 ×		35113 1 ×		35981 4 ×
	35049 6 ×		35065 4 ×		35115 1 ×		36132 1 ×
	35051 4 ×	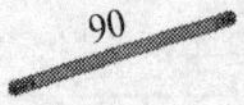	35066 4 ×		35694 1 ×		36227 8 ×
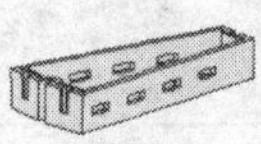	35052 2 ×		35069 1 ×		35695 4 ×		36264 1 ×
	35053 4 ×		35070 1 ×		35797 6 ×		36294 2 ×

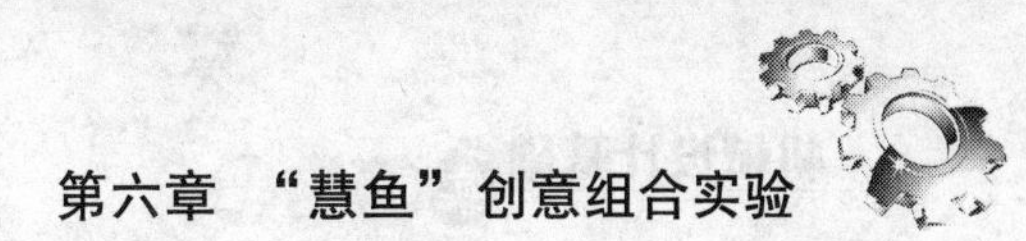

（续）

	36297 8 ×		37237 8 ×		38240 6 ×	60	38416 2 ×
	36298 8 ×		37238 4 ×		38241 4 ×		38423 8 ×
	36299 4 ×		37468 8 ×		38242 3 ×		38428 4 ×
	36323 32 ×	180	37527 1 ×		38245 3 ×		38446 1 ×
63.6	36326 4 ×		37636 2 ×		38246 6 ×		38464 3 ×
	36327 4 ×		37679 10 ×		38248 6 ×	30	38538 4 ×
45	36328 4 ×		37858 1 ×		38253 4 ×	60	38540 2 ×
	36334 4 ×		37925 1 ×		38260 2 ×	15	38544 4 ×
	36341 2 ×		37926 3 ×		38277 2 ×	75	38545 4 ×
	36819 8 ×		38225 1 ×	40	38414 4 ×		

附录6-2　典型模型搭建步骤

1. 风　车

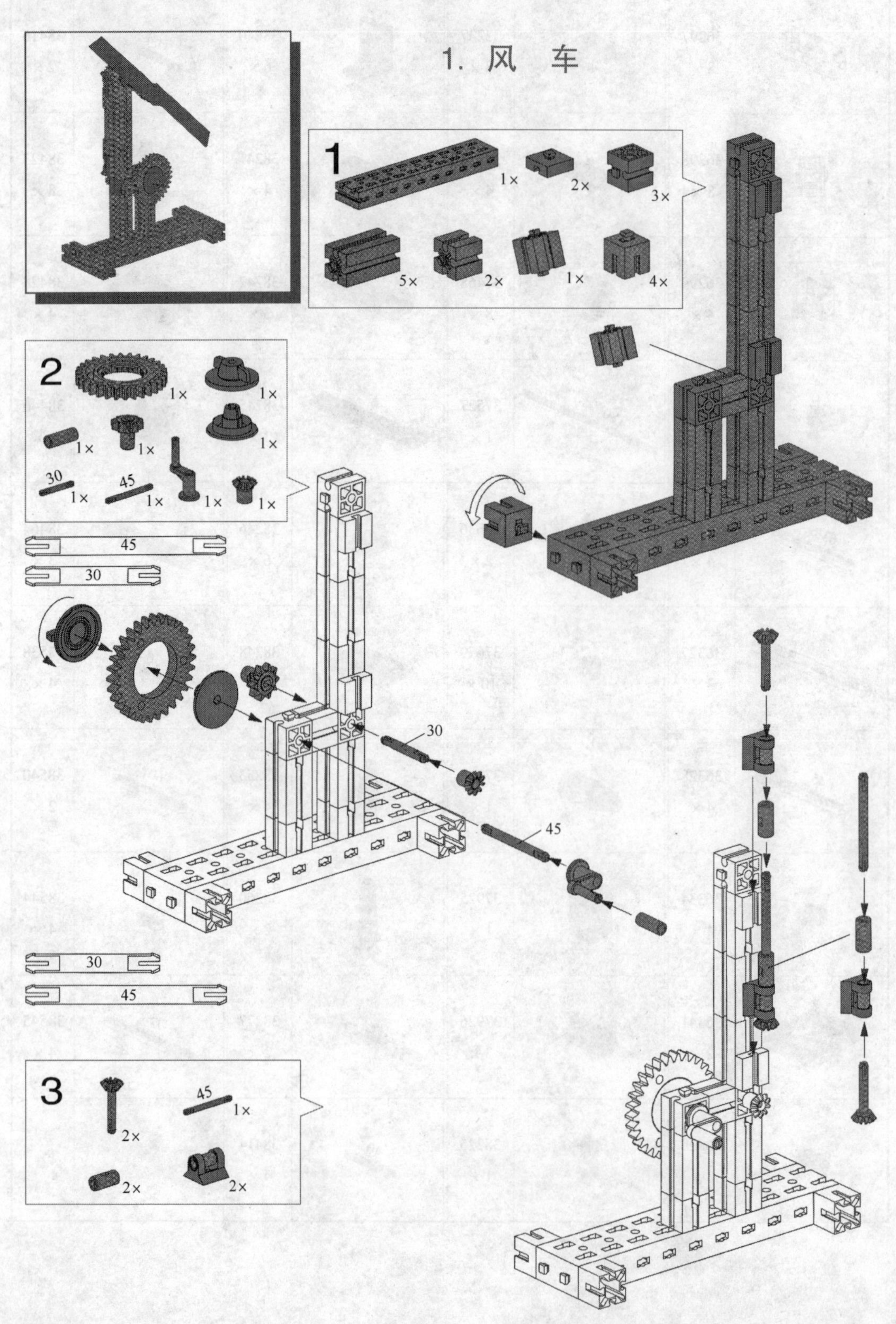

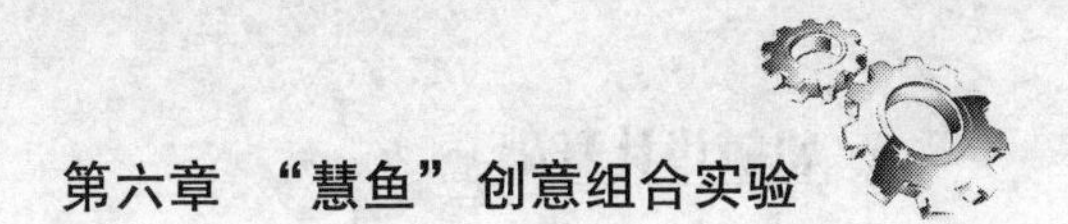

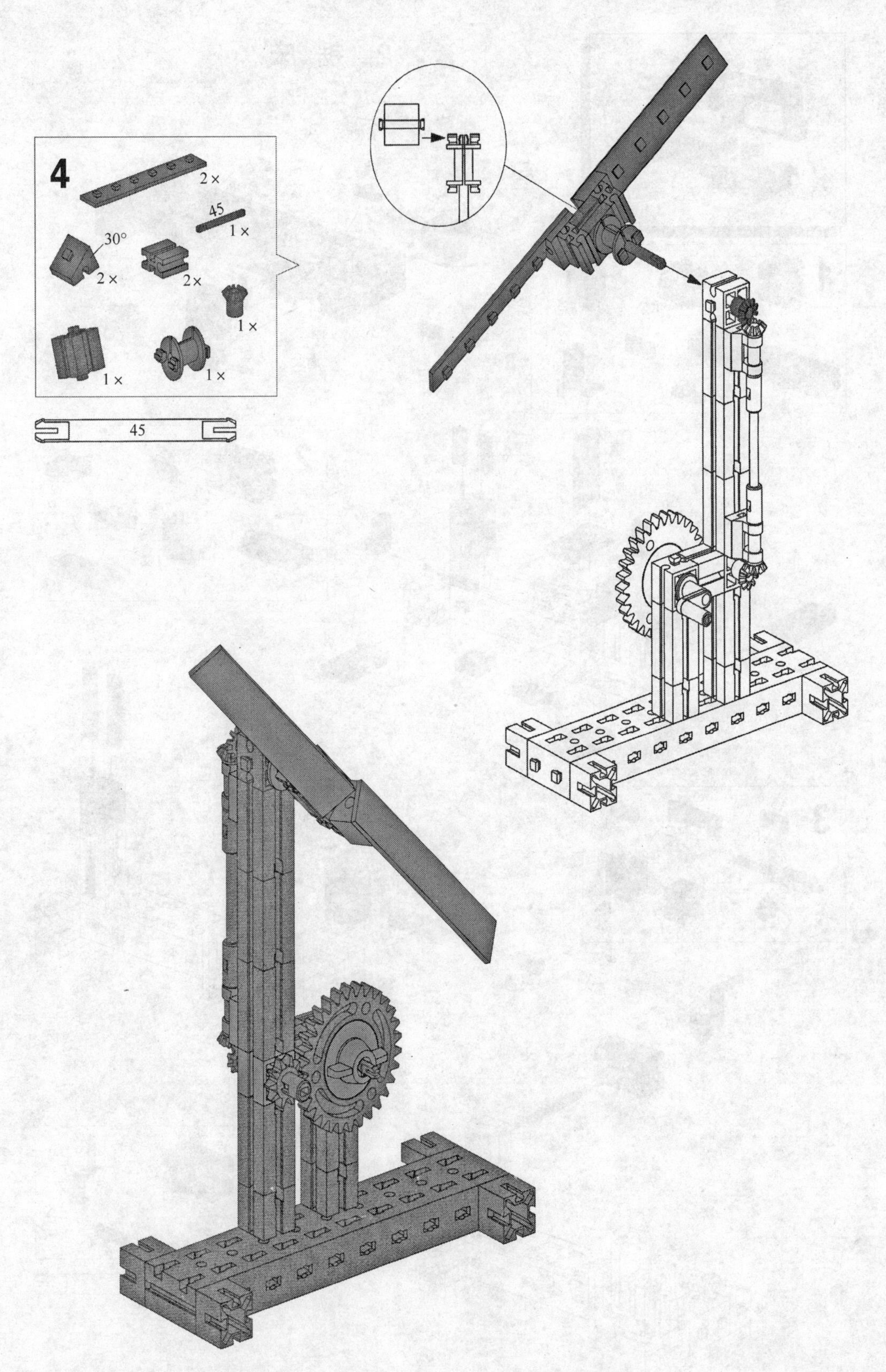
4
2 ×
45
1 ×
30°
2 ×
2 ×
1 ×
1 ×
1 ×
45

2. 锯床

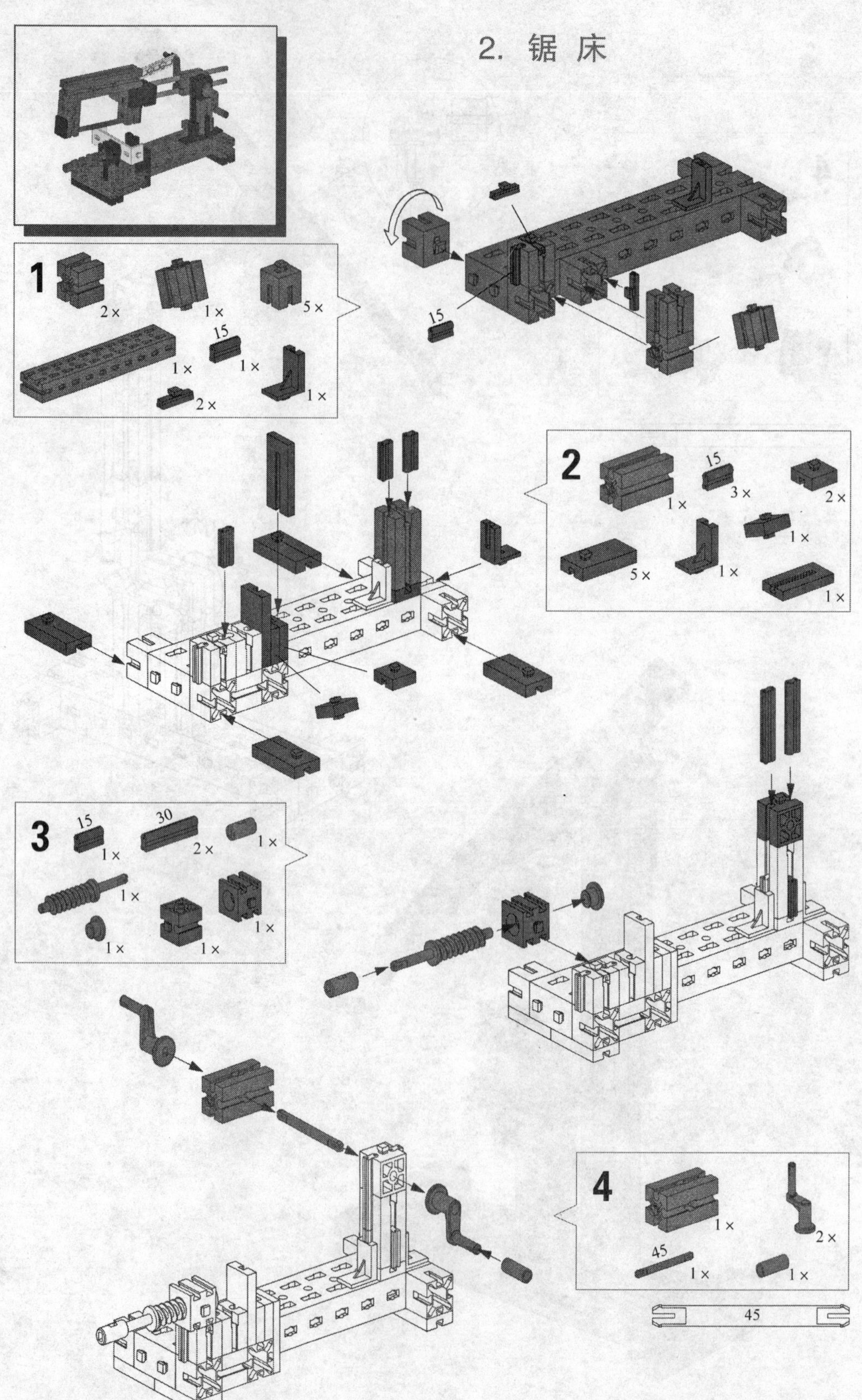

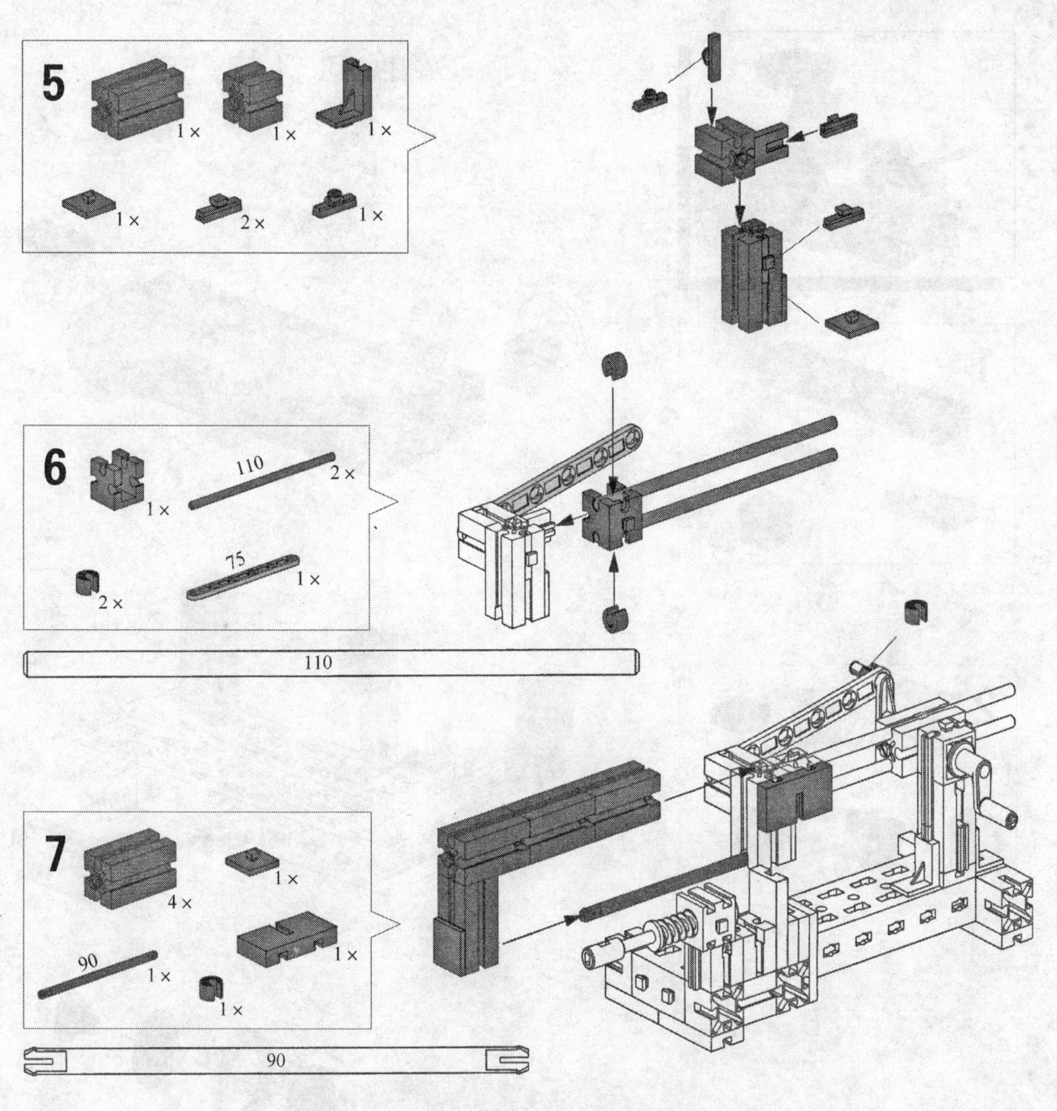
5
1×
1×
1×
1×
2×
1×
6
110
2×
1×
75
1×
2×
110
7
4×
1×
1×
90
1×
1×
90

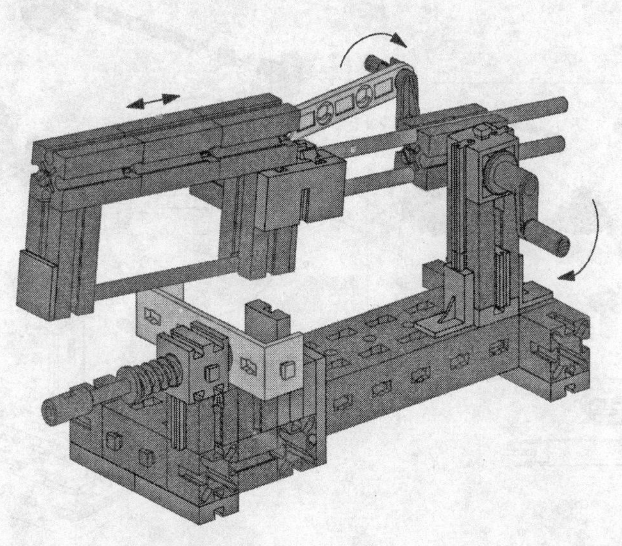

3. 换向机构

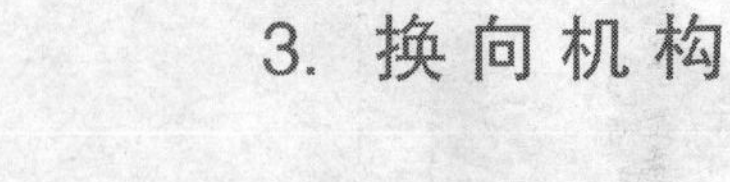

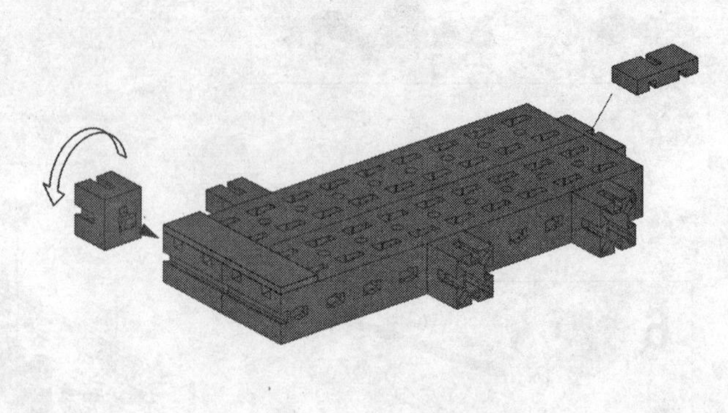

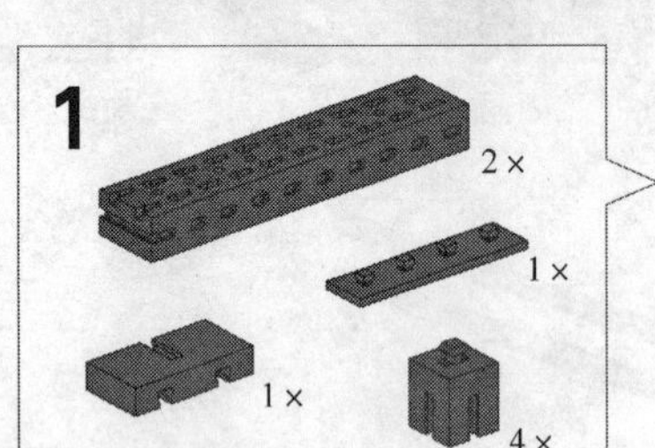

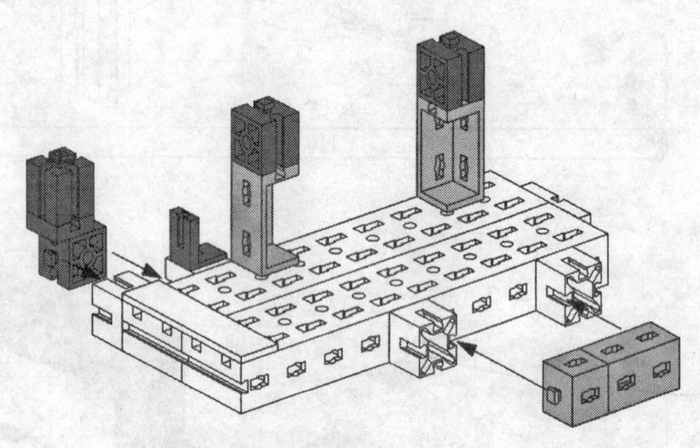

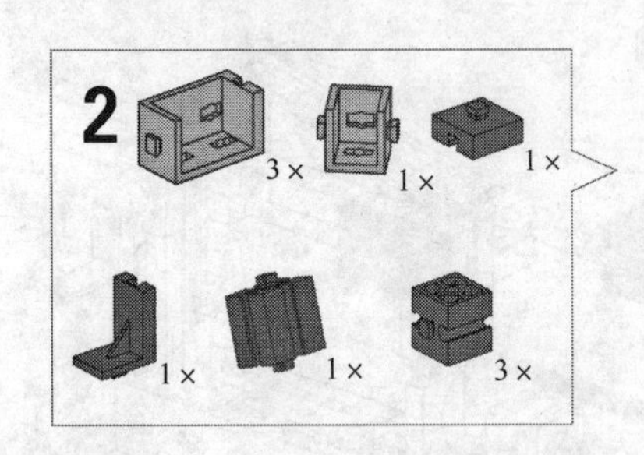

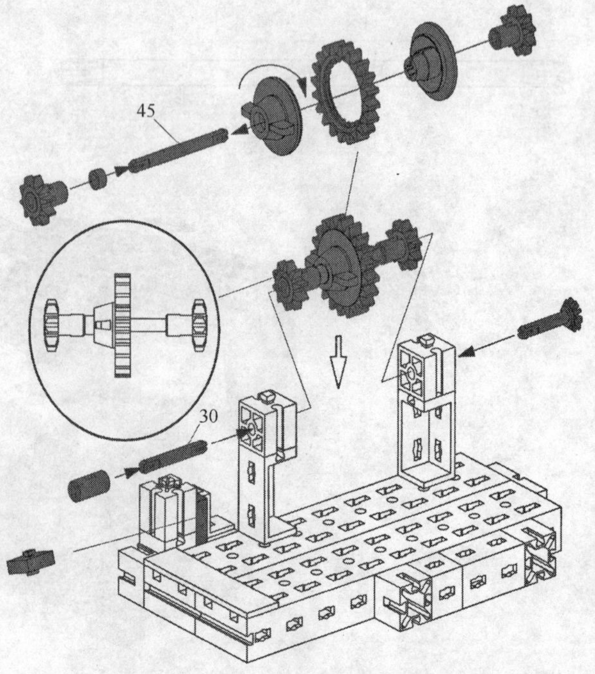

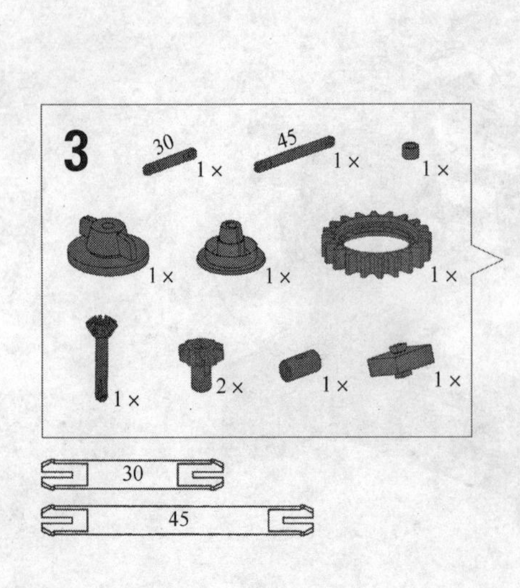

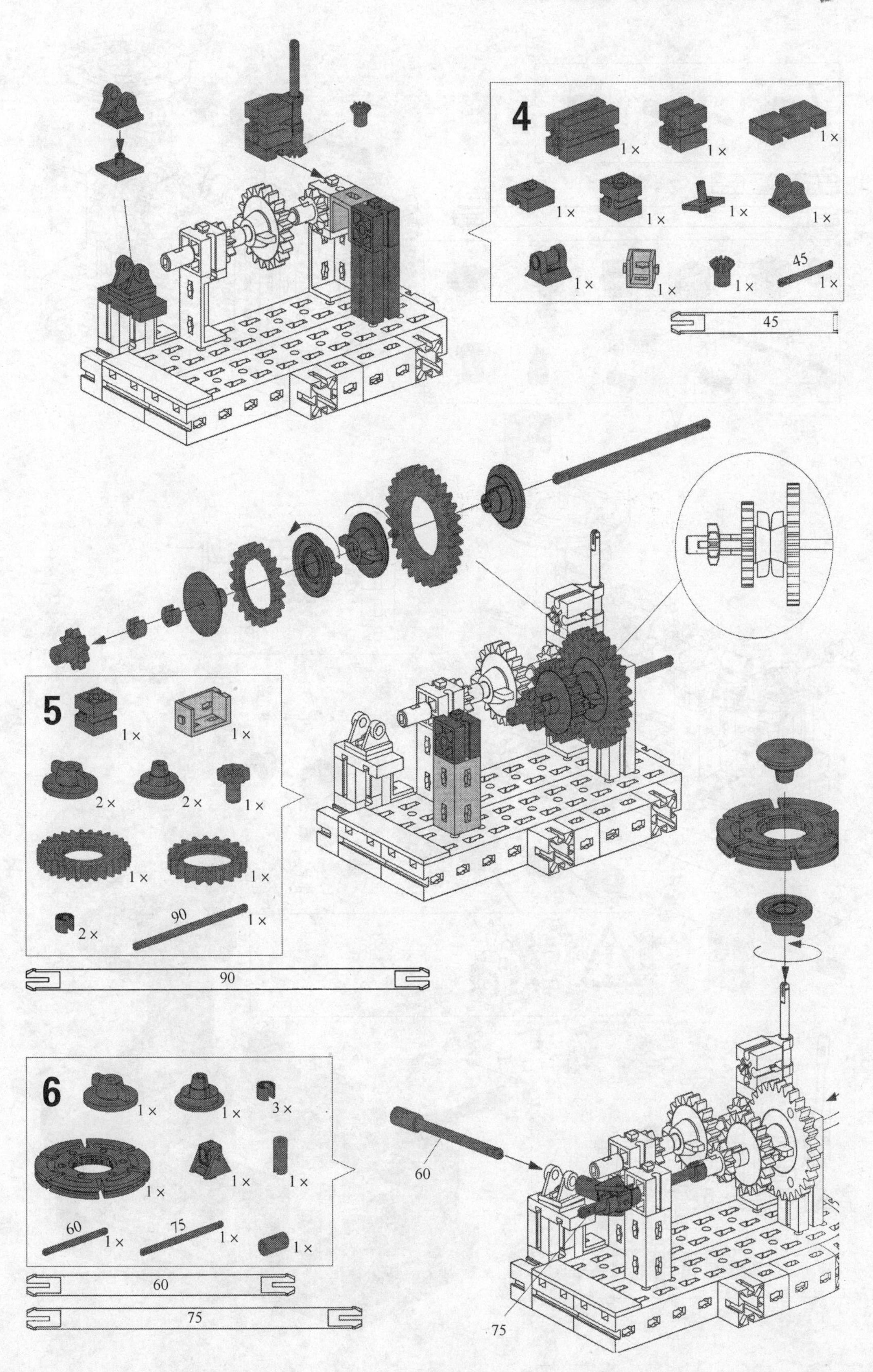

4
1×
1×
1×
1×
1×
1×
1×
1×
1×
1×
45
1×
45
5
1×
1×
2×
2×
1×
1×
1×
2×
90
1×
90
6
1×
1×
3×
1×
1×
1×
60
1×
75
1×
1×
60
75
60
75

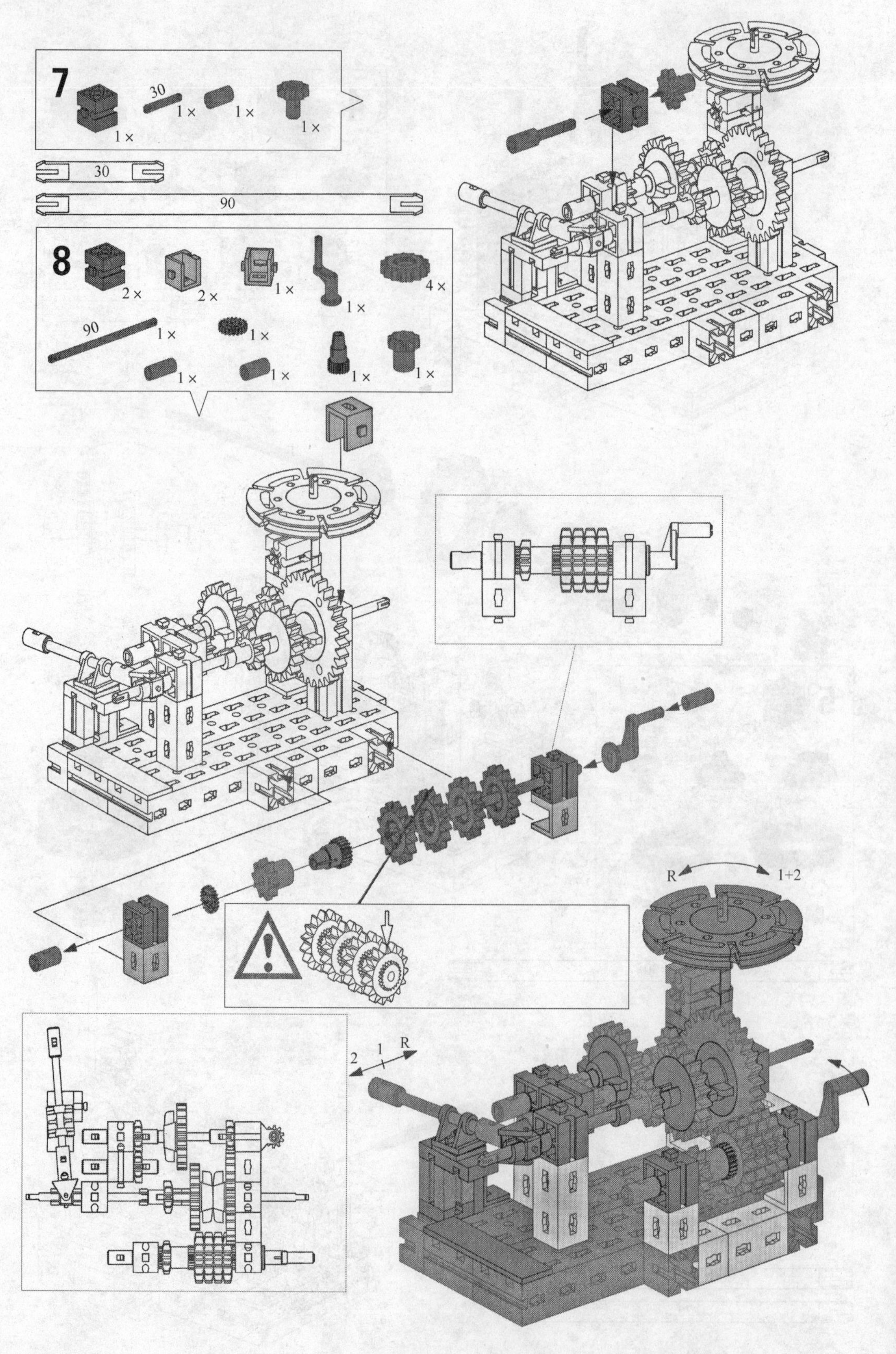
7
30
1×
1×
1×
1×
30
90
8
2×
2×
1×
1×
4×
90
1×
1×
1×
1×
1×
1×
R
1+2
2
1
R

4. 车库门

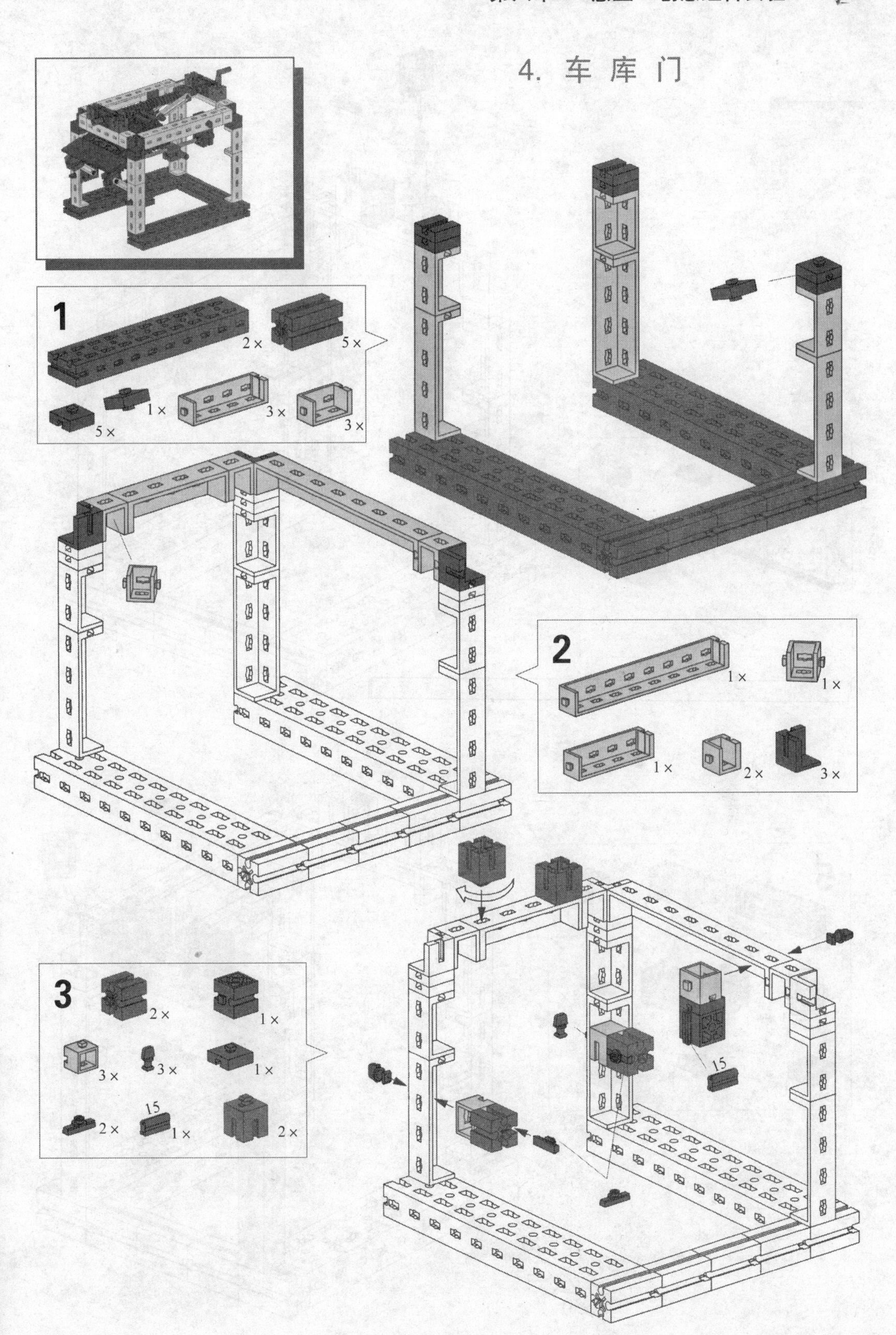

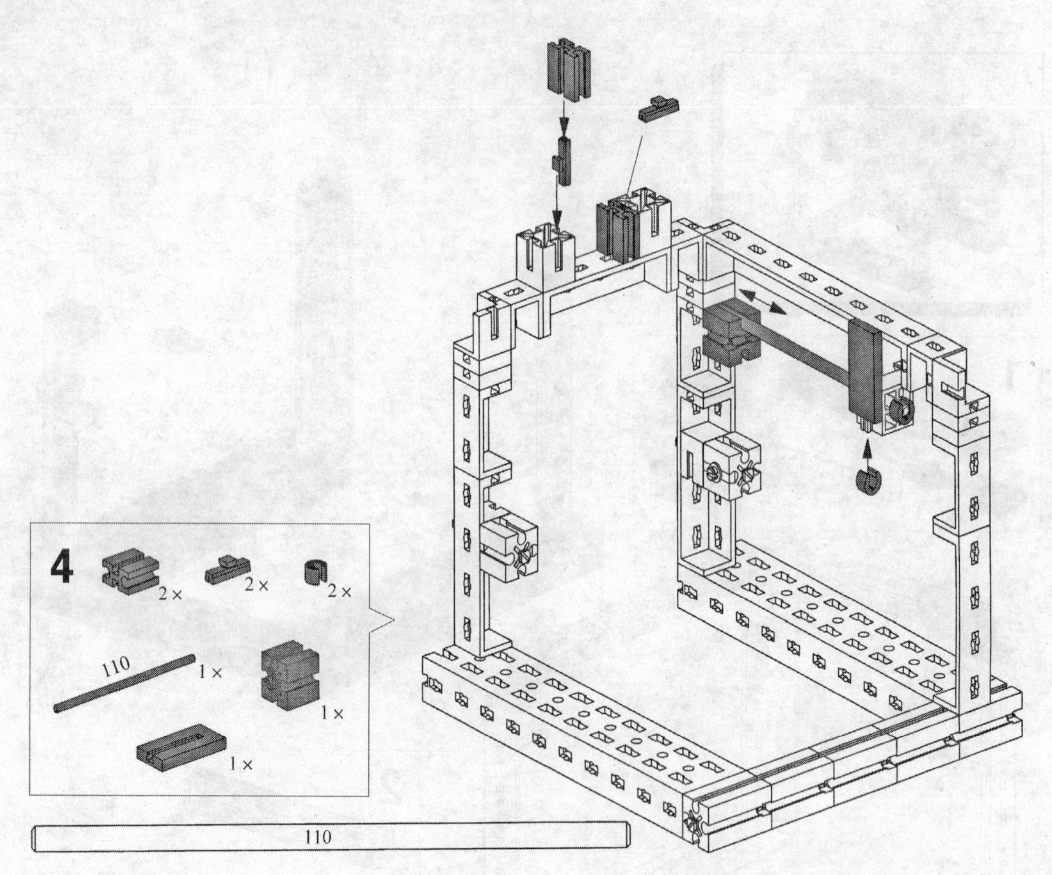
4
2×
2×
2×
110
1×
1×
1×
110

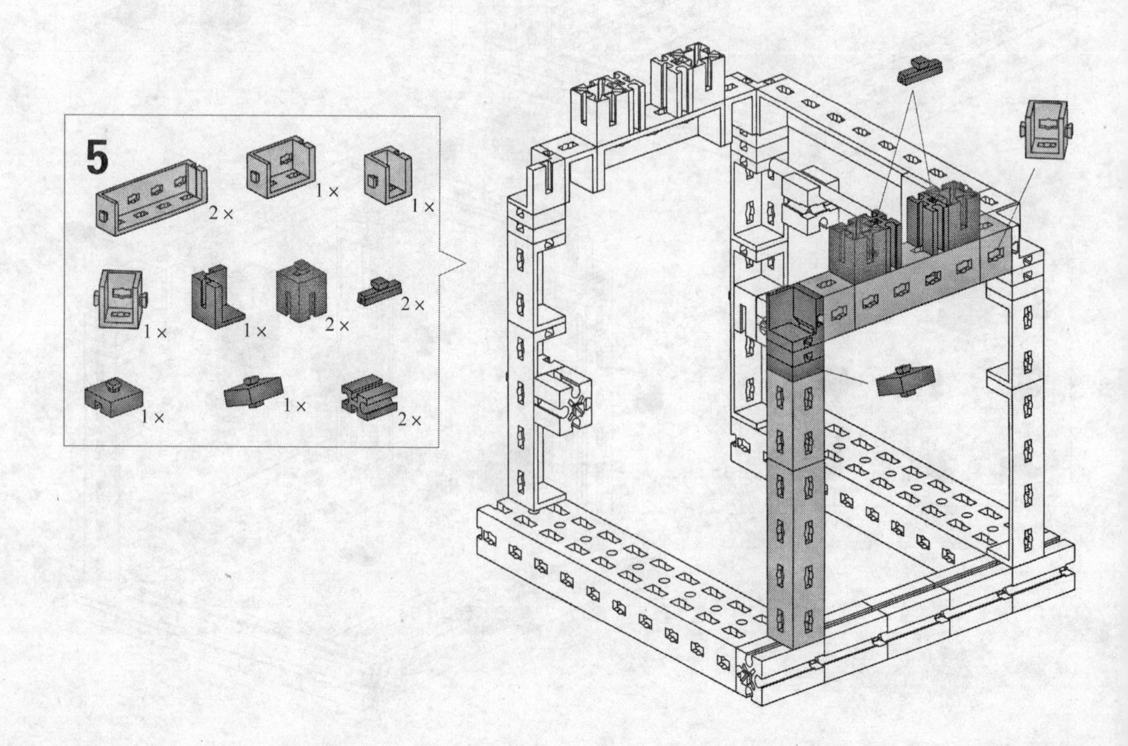
5
2×
1×
1×
1×
1×
2×
2×
1×
1×
2×

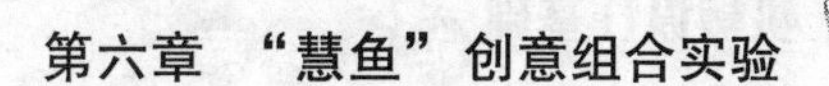

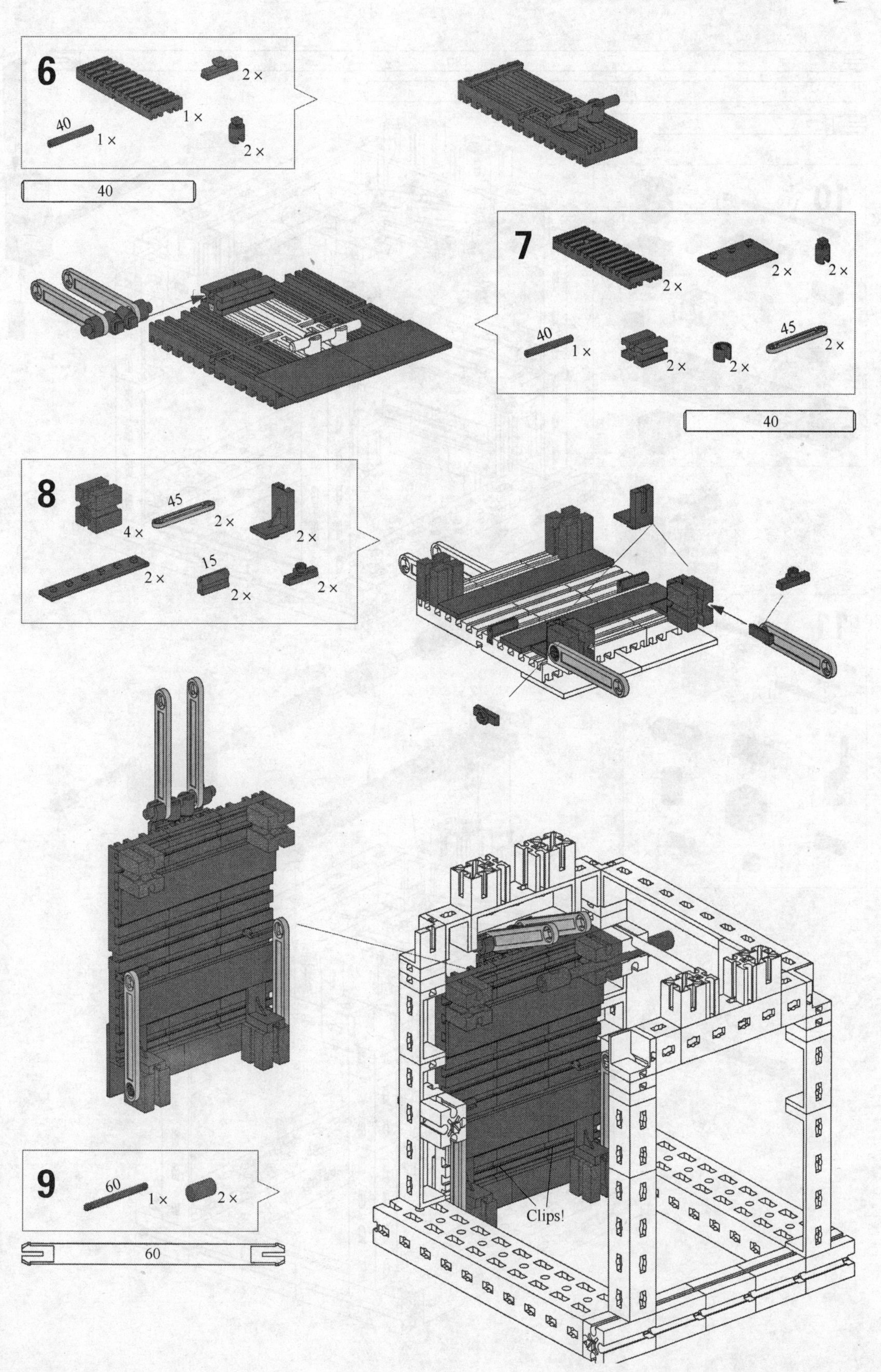
6
2 ×
1 ×
40
1 ×
2 ×
40
7
2 ×
2 ×
2 ×
40
1 ×
2 ×
2 ×
45
2 ×
40
8
45
4 ×
2 ×
2 ×
2 ×
15
2 ×
2 ×
9
60
1 ×
2 ×
60
Clips!

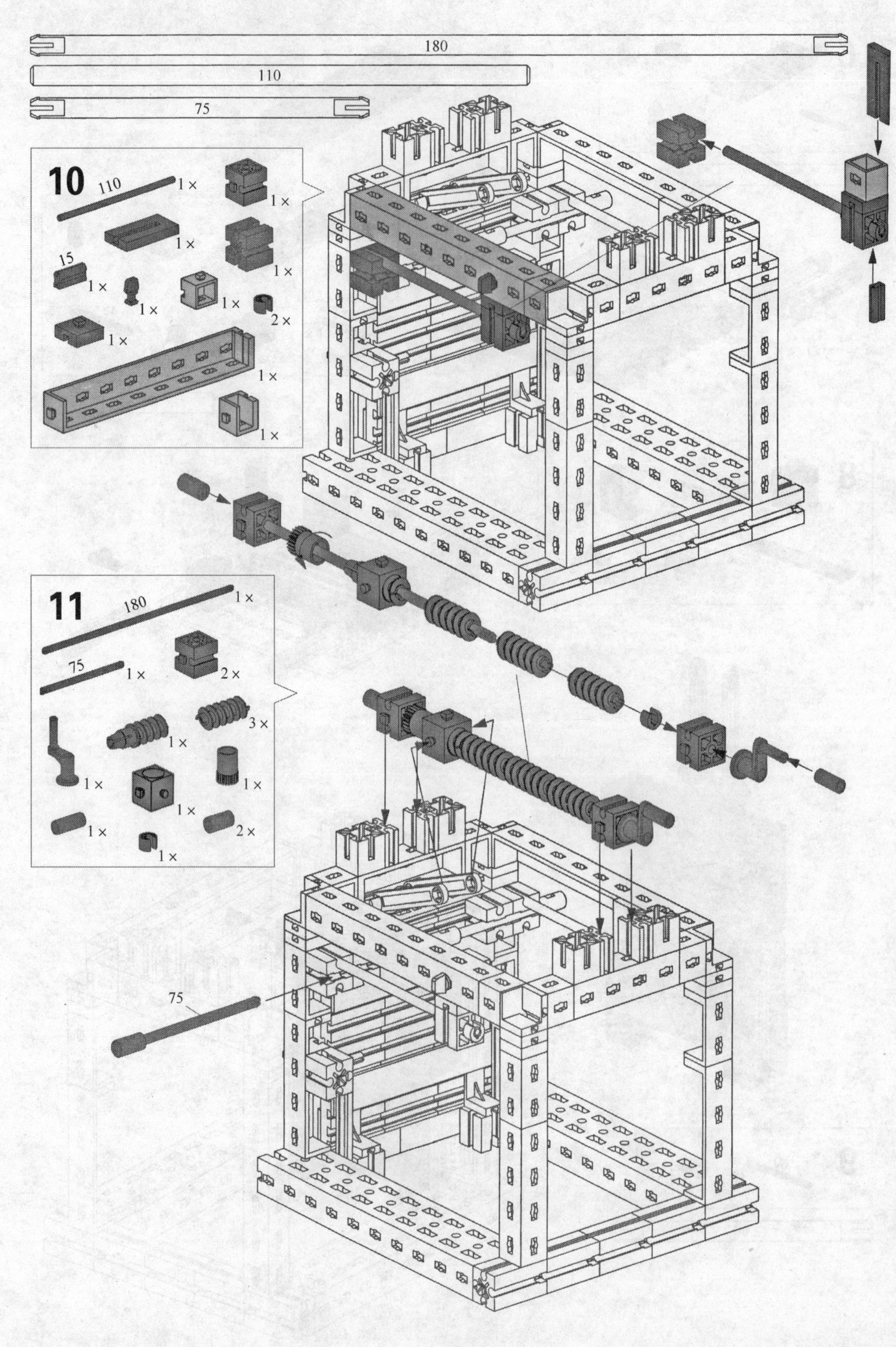
180
110
75
10
110
1 ×
1 ×
1 ×
1 ×
15
1 ×
1 ×
1 ×
2 ×
1 ×
1 ×
1 ×
11
180
1 ×
75
1 ×
2 ×
1 ×
3 ×
1 ×
1 ×
1 ×
1 ×
2 ×
1 ×
75

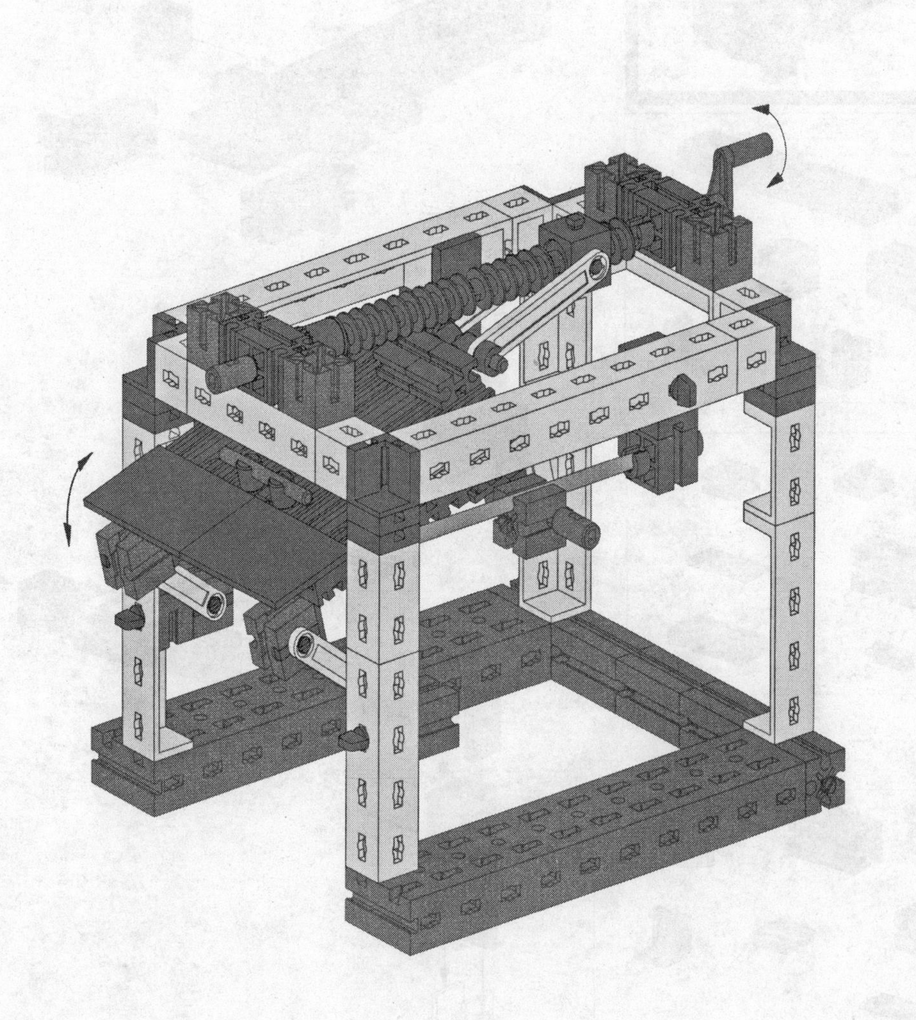

5. 石油采油机

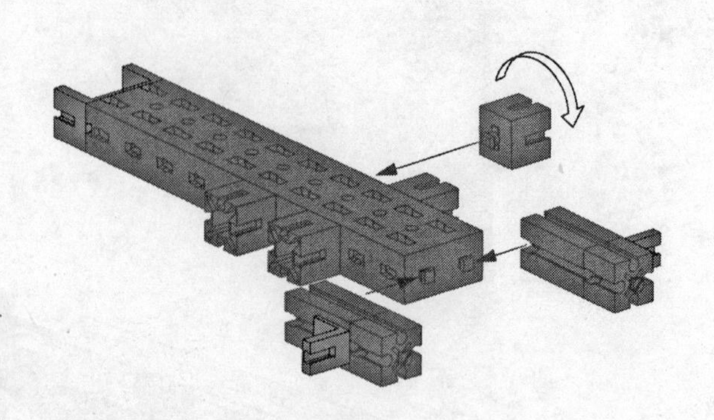

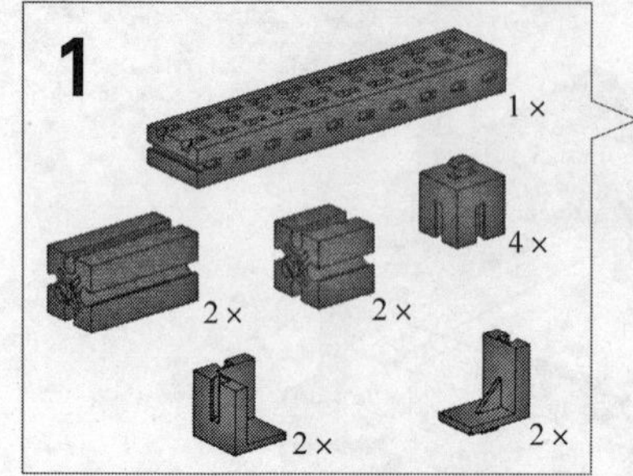

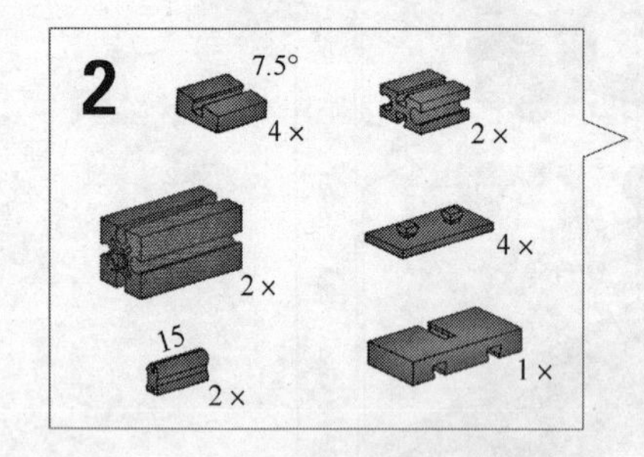

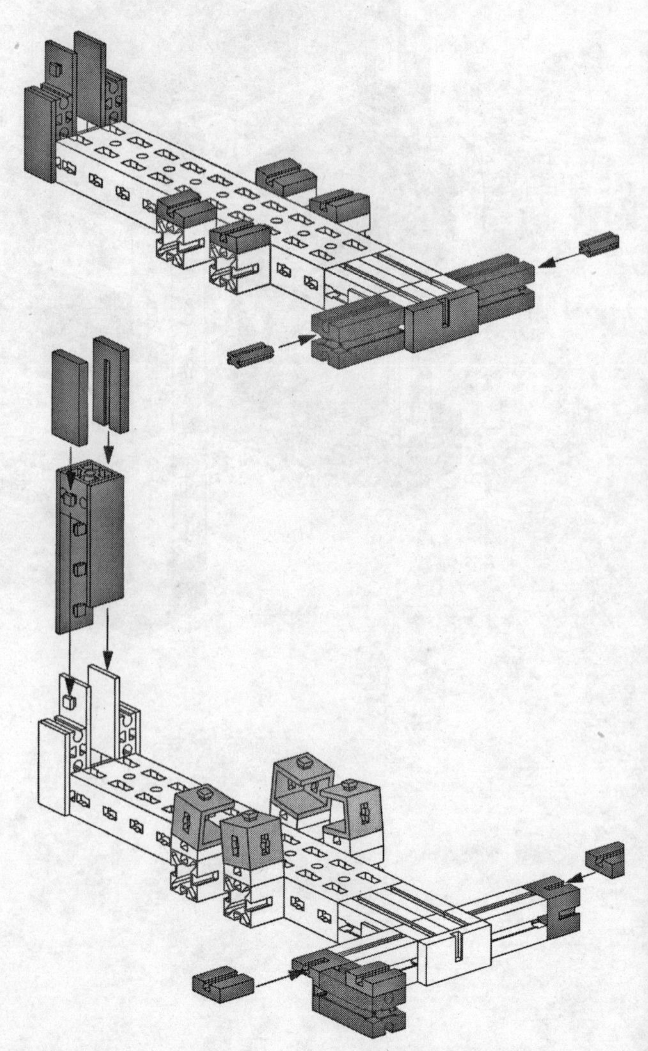

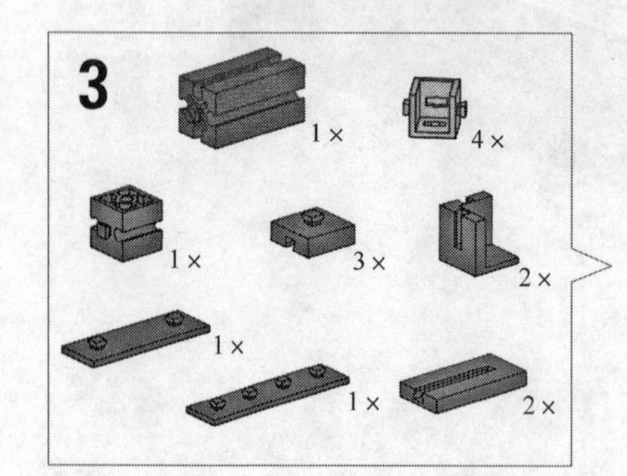

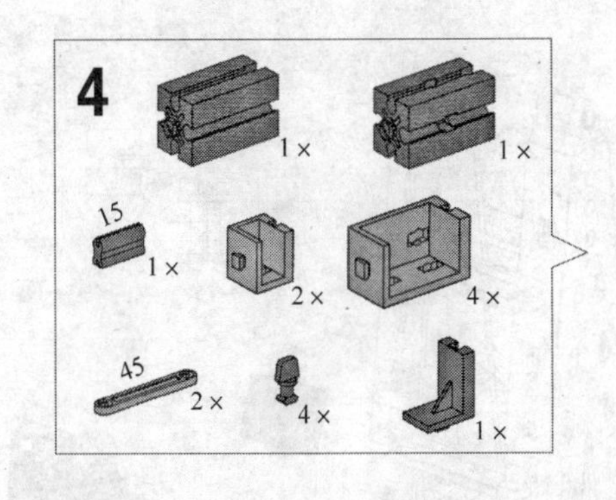
4
1×
1×
15
1×
2×
4×
45
2×
4×
1×

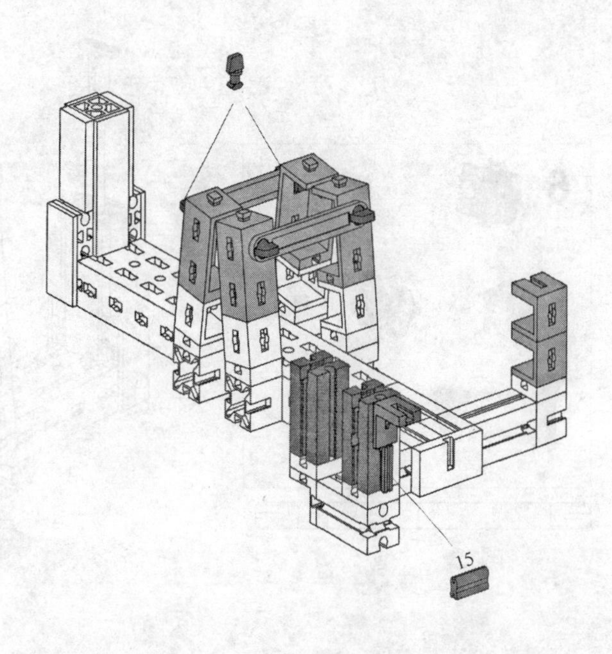
15

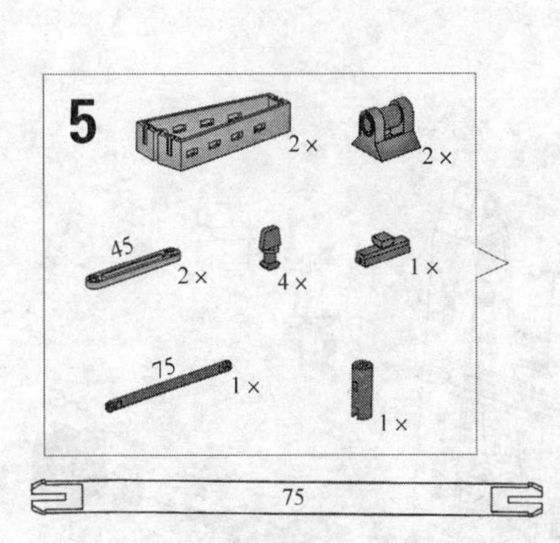
5
2×
2×
45
2×
4×
1×
75
1×
1×
75

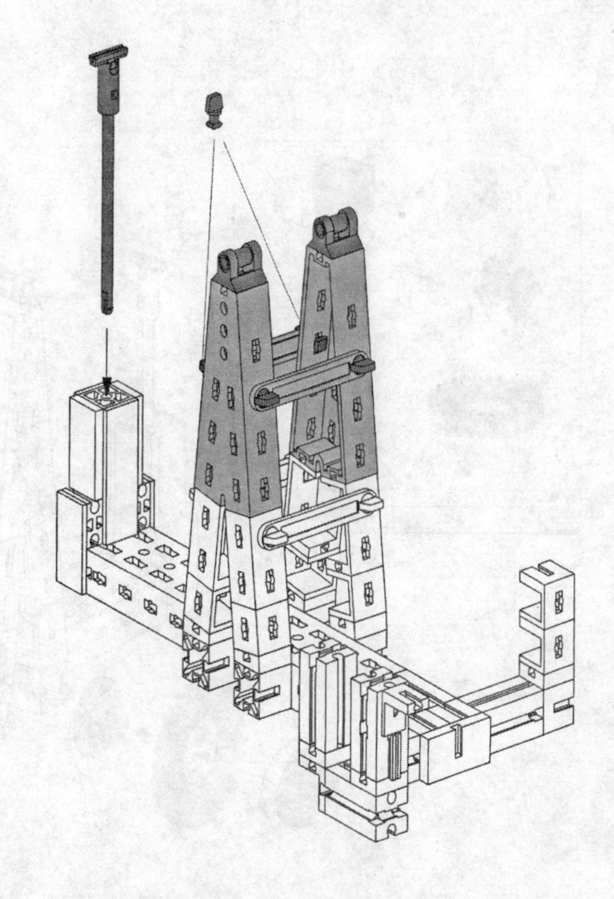

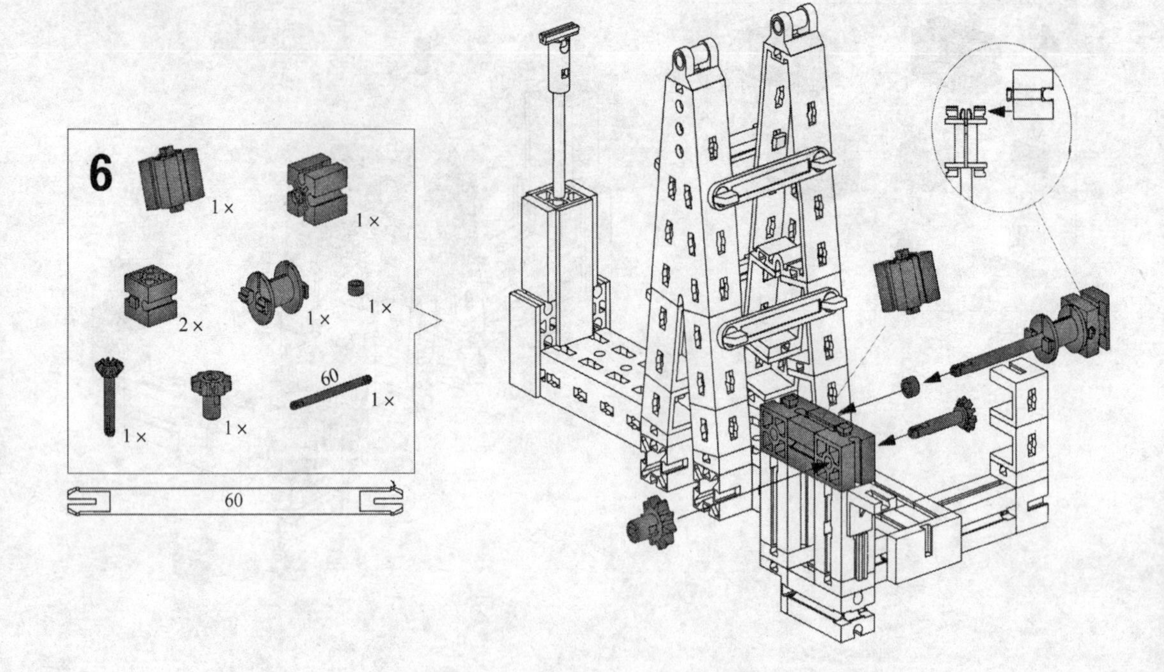
6
1×
1×
2×
1×
1×
60
1×
1×
1×
60

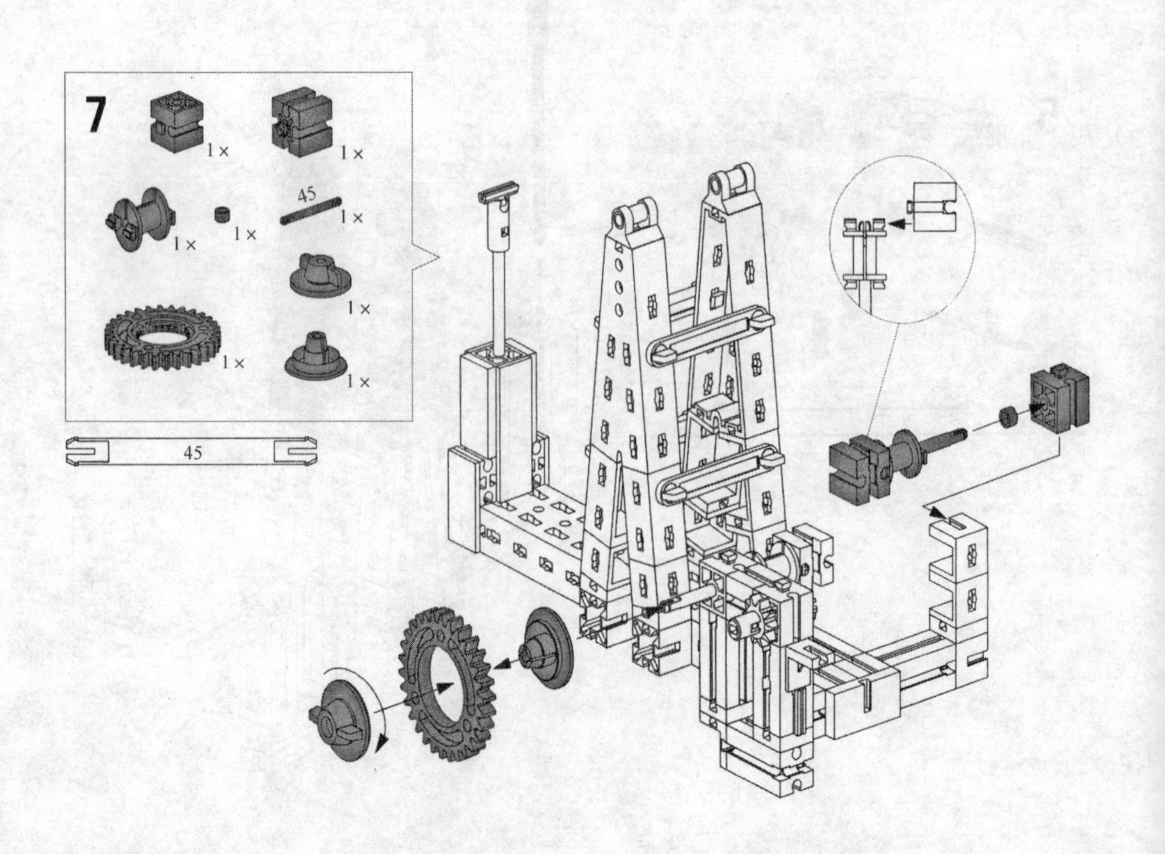
7
1×
1×
45
1×
1×
1×
1×
1×
1×
45

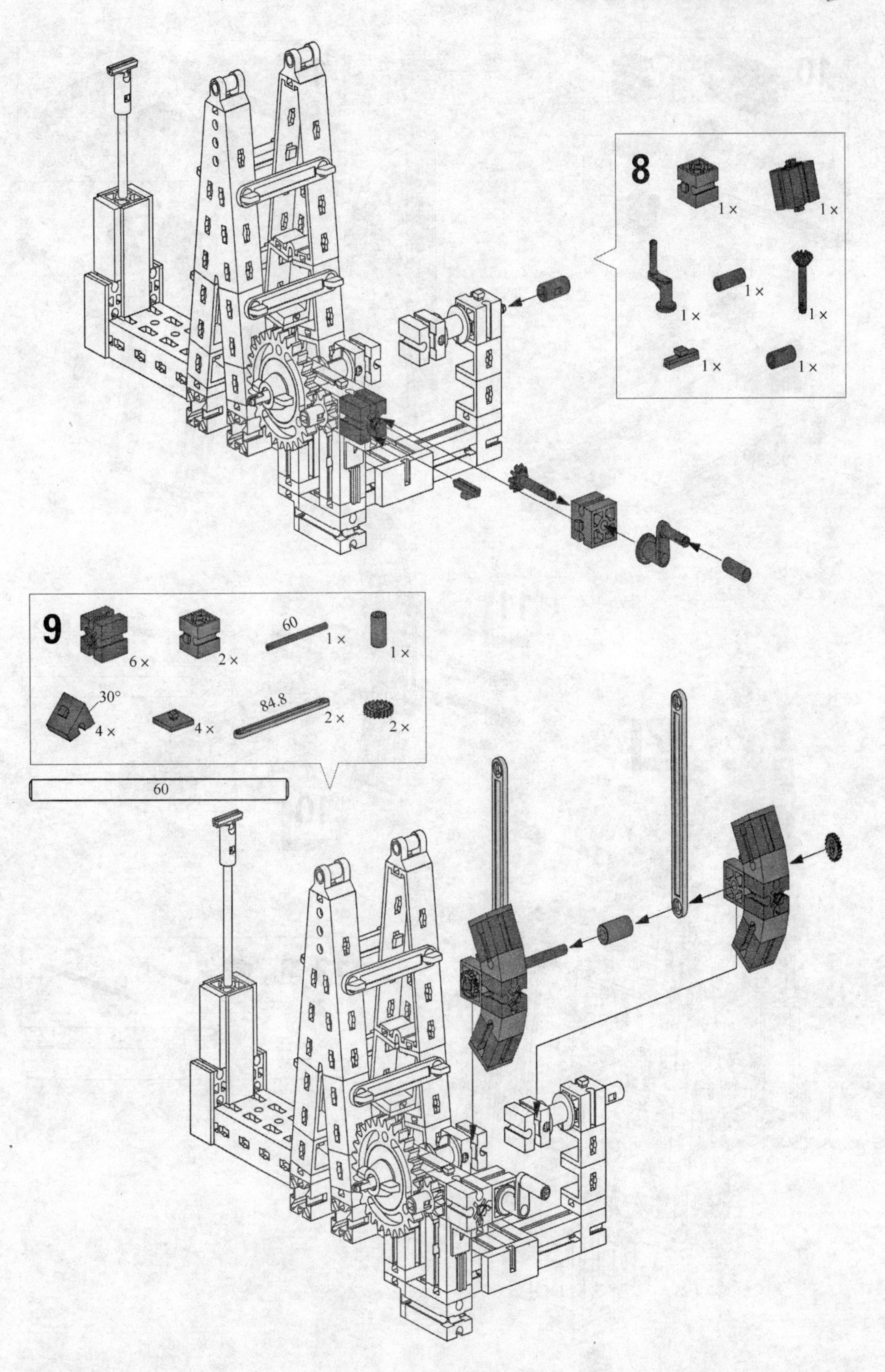
8
1×
1×
1×
1×
1×
1×
1×
9
6×
2×
60
1×
1×
30°
4×
4×
84.8
2×
2×
60

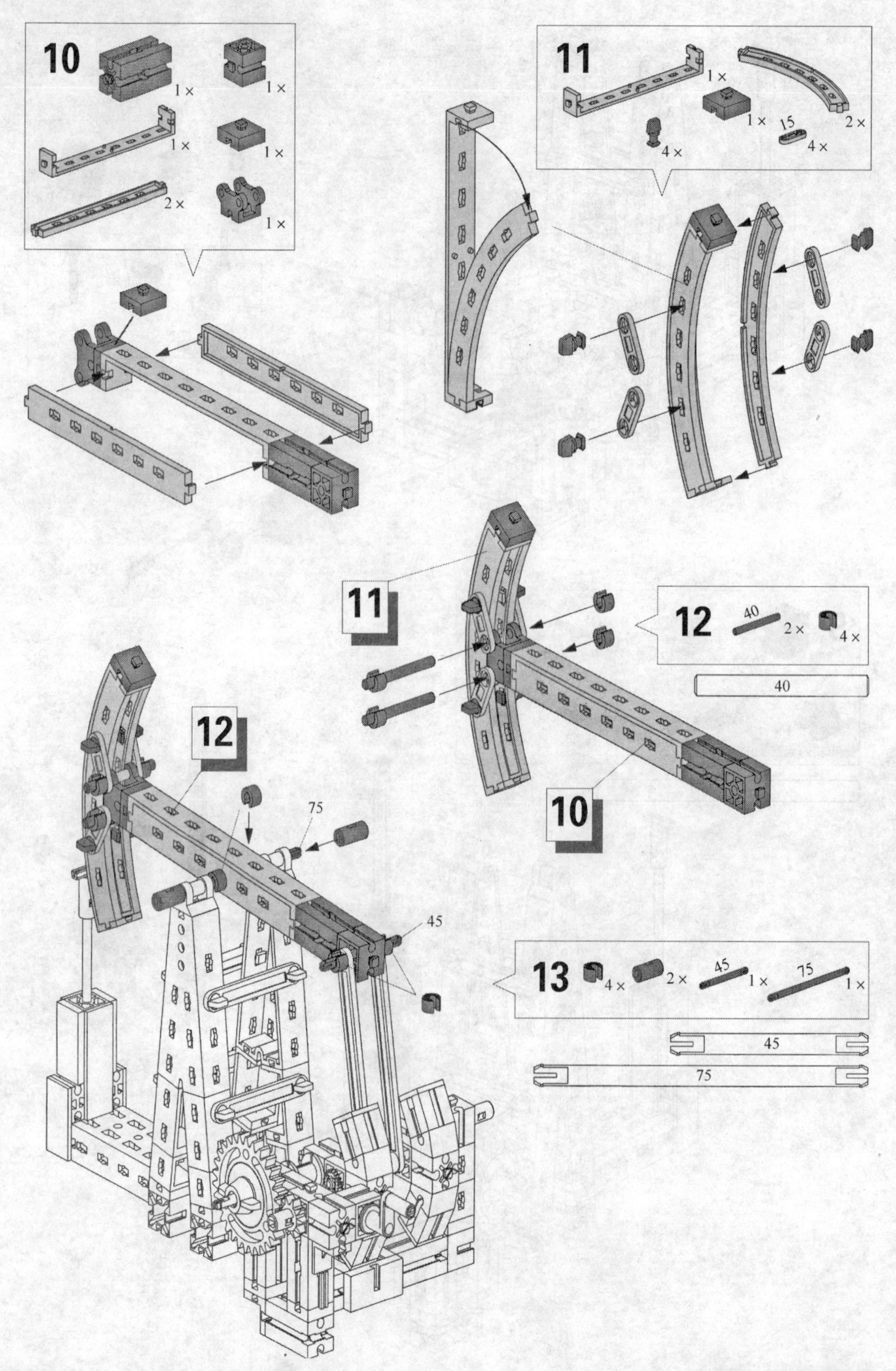
10
1×
1×
1×
1×
2×
1×
11
1×
1×
2×
15
4×
4×
11
12
40
2×
4×
40
10
12
75
45
13
4×
2×
45
1×
75
1×
45
75

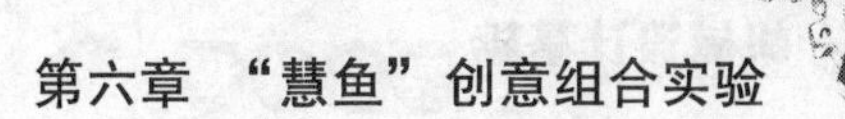

14
2×
2×
4×
4×
2×
30
4×
2×

6. 缝纫机

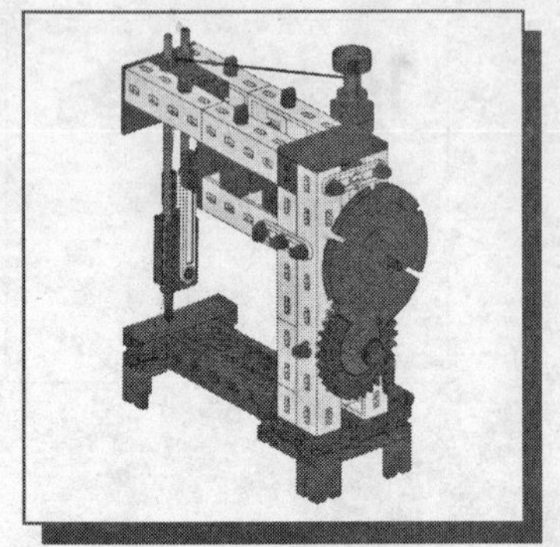

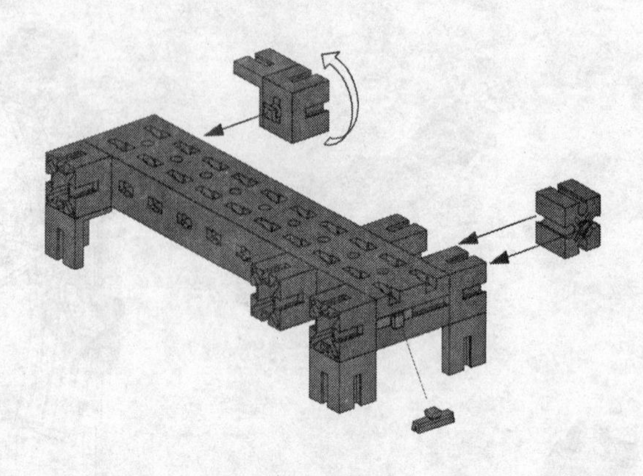

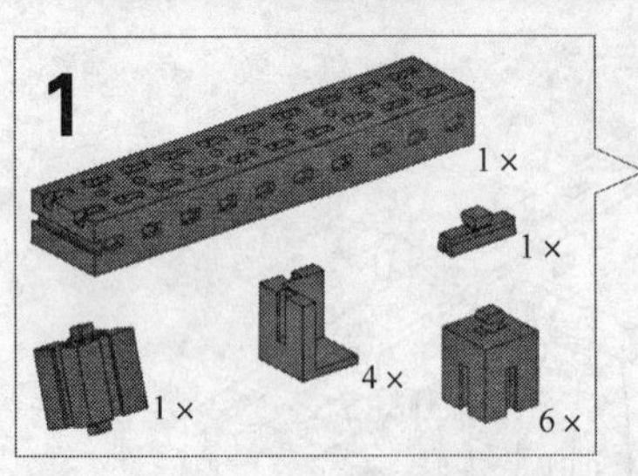

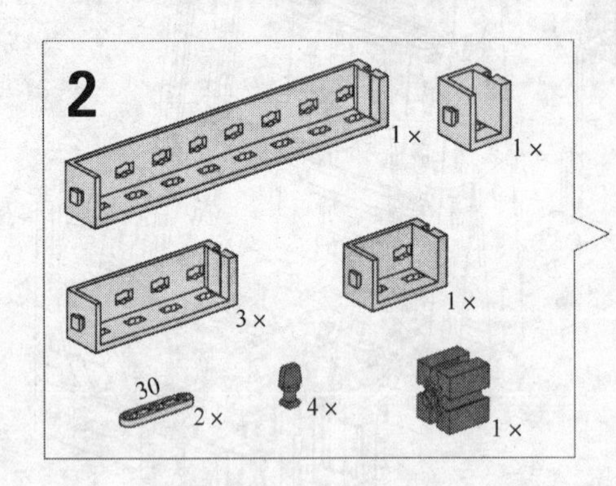

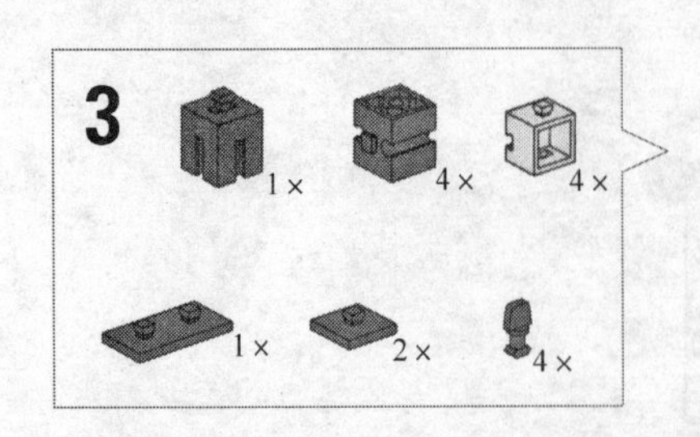

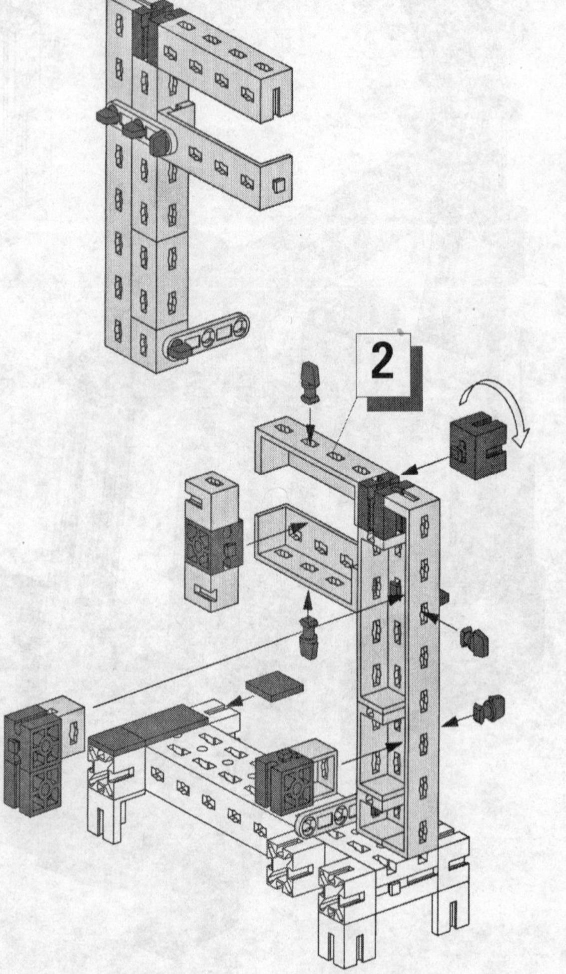

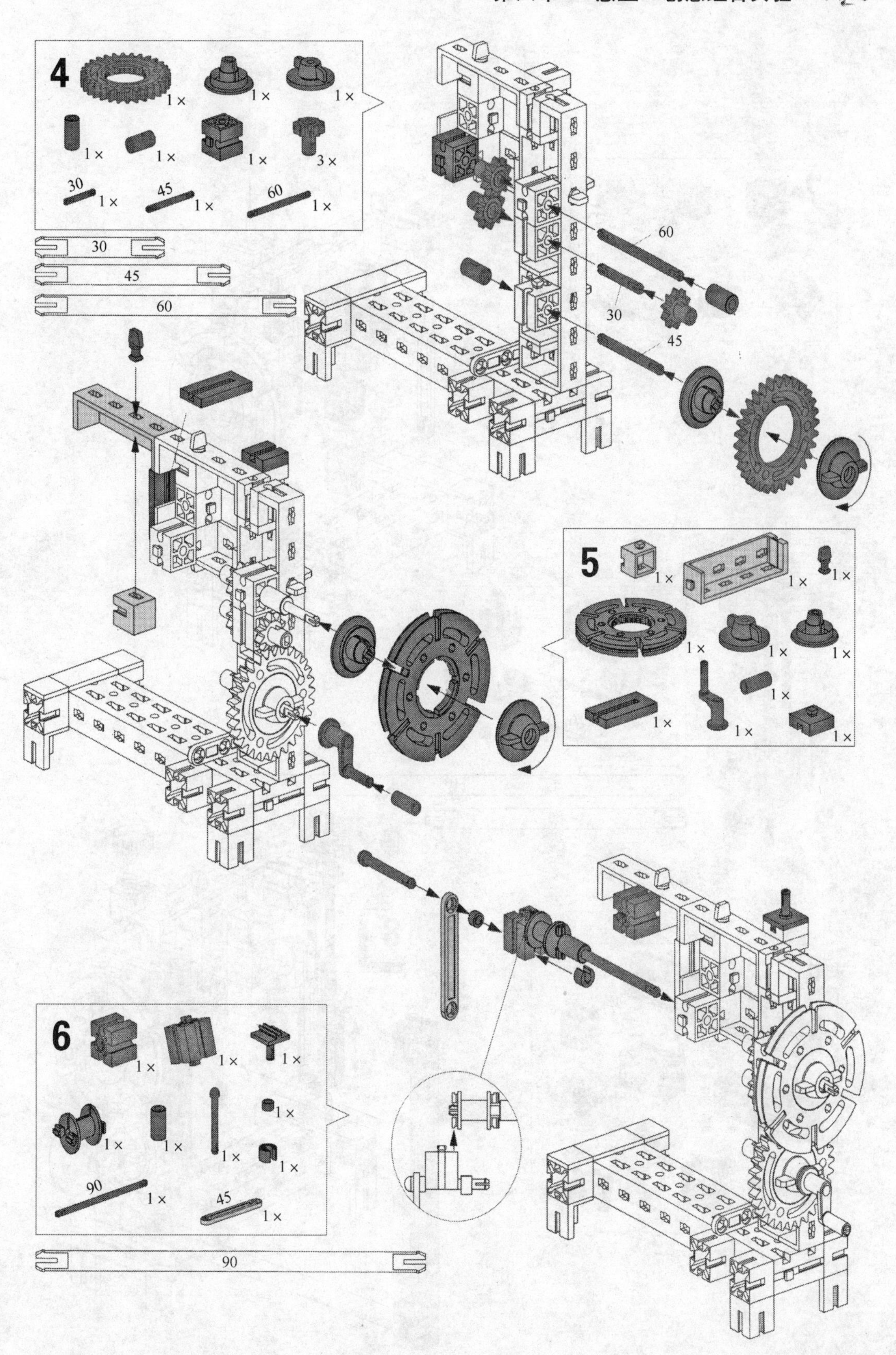
4
1 ×
1 ×
1 ×
1 ×
1 ×
1 ×
3 ×
30
1 ×
45
1 ×
60
1 ×
30
45
60
60
30
45
5
1 ×
1 ×
1 ×
1 ×
1 ×
1 ×
1 ×
1 ×
1 ×
1 ×
6
1 ×
1 ×
1 ×
1 ×
1 ×
1 ×
1 ×
1 ×
90
1 ×
45
1 ×
90

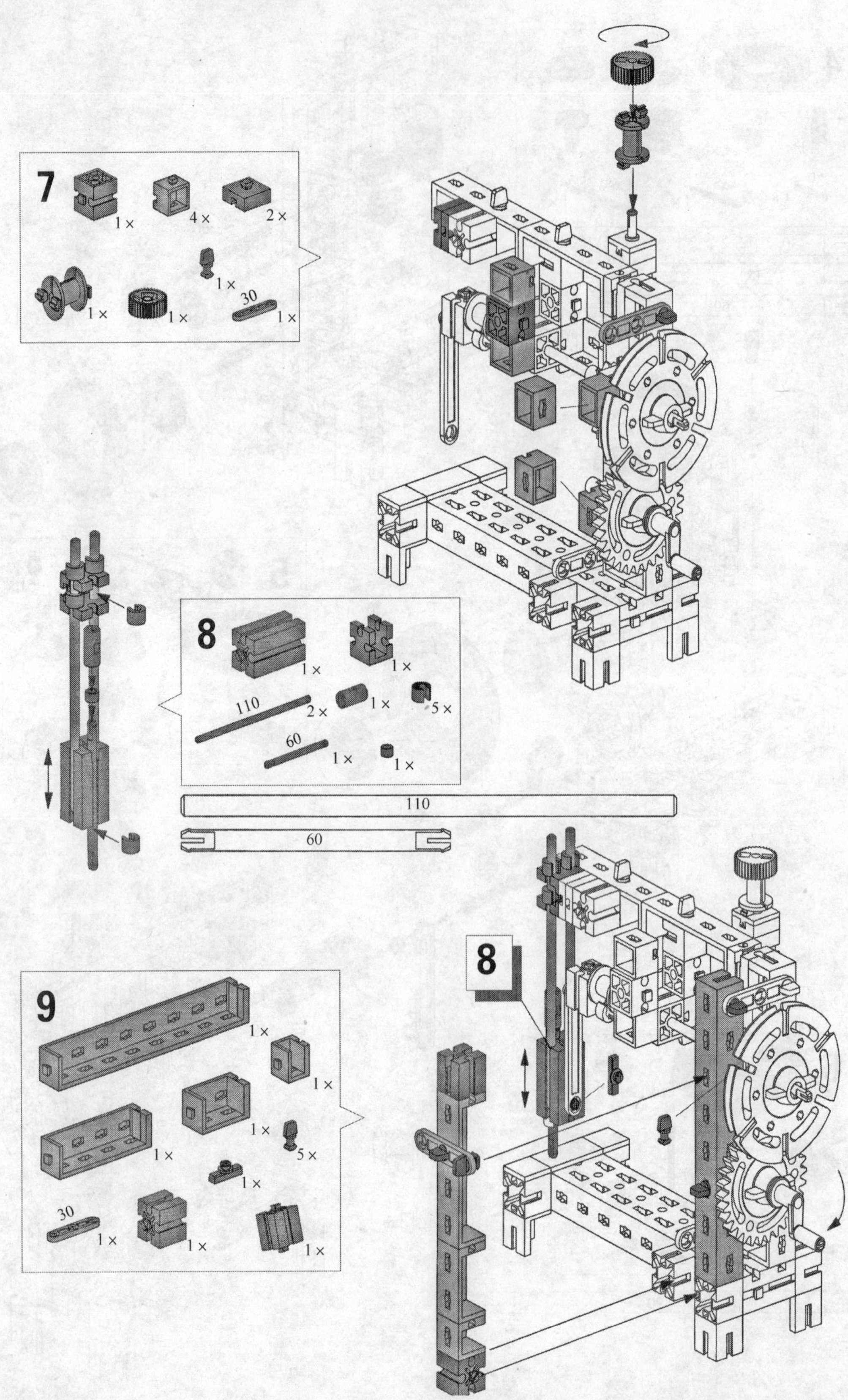
7
1×
4×
2×
1×
1×
1×
30
1×
8
1×
1×
110
2×
1×
5×
60
1×
1×
110
60
8
9
1×
1×
1×
1×
5×
1×
30
1×
1×
1×

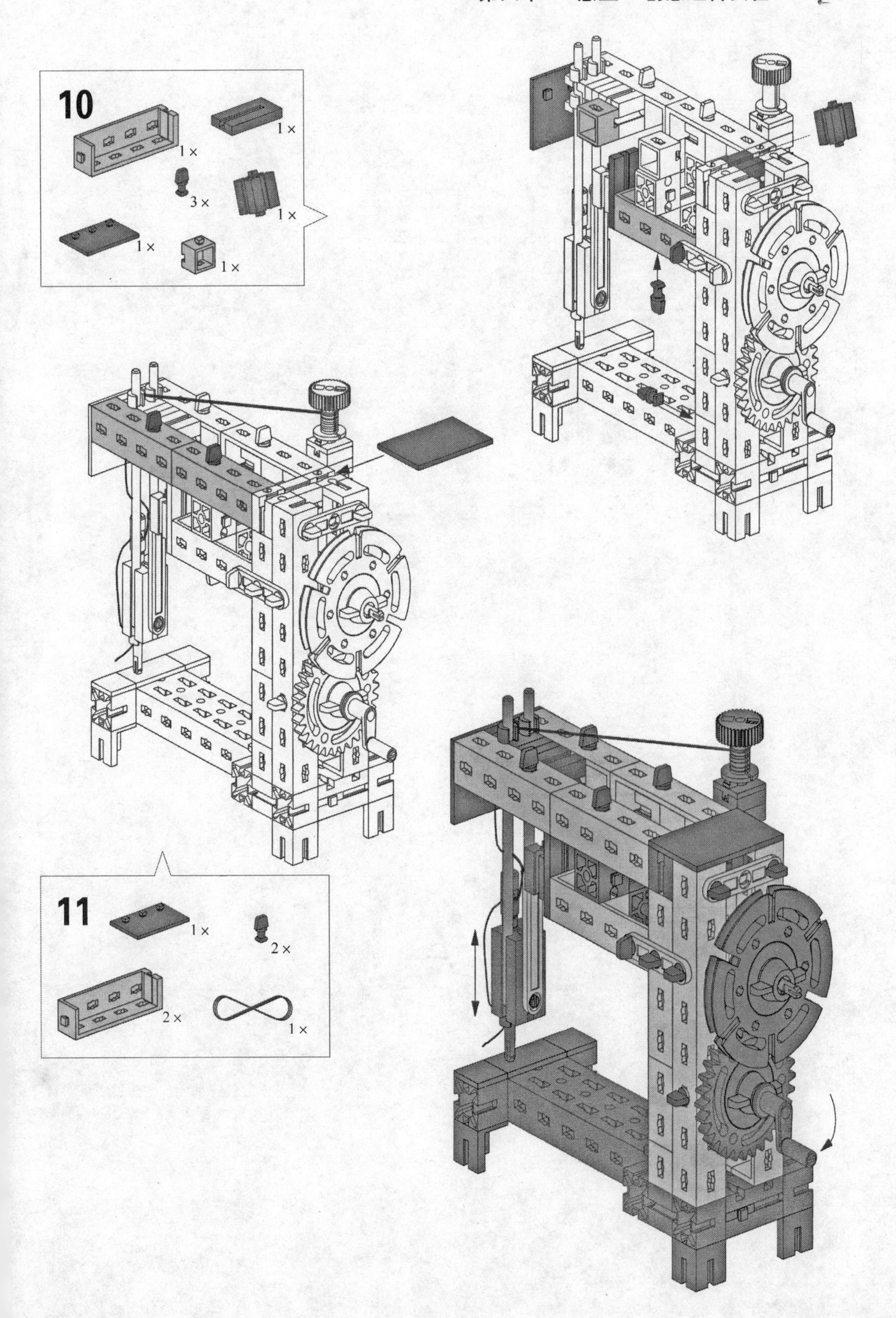
10
1×
1×
3×
1×
1×
1×
11
1×
2×
2×
1×

附录6-3 创意组合实验报告

班 级________________ 学 号________________ 姓 名________________

同组者________________ 日 期________________ 成 绩________________

1. 实验目的

2. 构件清点情况

德国“慧鱼”创意组合模型构件清点情况表（样表）

实验台号：________________ ______年____月____日

<table>
<tr><td rowspan="2">同组签名</td><td>班级</td><td></td><td></td><td></td><td></td><td></td><td></td></tr>
<tr><td>姓名</td><td></td><td></td><td></td><td></td><td></td><td></td></tr>
<tr><td rowspan="4">清点结果</td><td>是否正常?</td><td></td><td colspan="4">上组实验态度成绩（占实验成绩30%）</td><td></td></tr>
<tr><td>所缺货号</td><td colspan="6"></td></tr>
<tr><td>破损货号</td><td colspan="6"></td></tr>
<tr><td>是否配缺或调换破损?</td><td colspan="6"></td></tr>
</table>

3. 你所搭建的模型名称、搭建步骤及步骤名称和所用构件数量

4. 模型中用到的机构名称和机构运动简图

5. 分析模型中所用机构的优、缺点，是否可以应用其他机构代替

6. 实验心得与建议

参考文献

[1] 杨可桢，程光蕴．机械设计基础［M］．4版．北京：高等教育出版社，2003.

[2] 卢玉明．机械设计基础［M］．6版．北京：高等教育出版社，1997.

[3] 陈秀宁．机械基础［M］．杭州：浙江大学出版社，1999.

[4] 宋立权．机械基础实验［M］．北京：机械工业出版社，2005.

[5] 蒯苏苏，周链．机械原理与机械设计实验指导书［M］．北京：化学工业出版社，2007.

[6] 陆天炜，吴鹿鸣．机械设计实验教程［M］．成都：西南交通大学出版社，2007.

[7] 陈亚琴，孟梓琴．机械设计基础实验教程［M］．北京：北京理工大学出版社，2003.

[8] 陈秀宇．现代机械工程基础实验教程［M］．北京：高等教育出版社，2002.

[9] 钱向勇．机械原理与机械设计实验指导书［M］．杭州：浙江大学出版社，2005.

《机械设计基础实验教程》

雷辉　李安生　王国欣　主编

信息反馈表

尊敬的老师：

您好！感谢您多年来对机械工业出版社的支持和厚爱！为了进一步提高我社教材的出版质量，更好地为我国高等教育发展服务，欢迎您对我社的教材多提宝贵意见和建议。另外，如果您在教学中选用了本书，欢迎您对本书提出修改建议和意见。

一、基本信息

姓名：________ 性别：________ 职称：______________ 职务：______________________

邮编：________ 地址：____

工作单位：______________校/院______________系　任教课程：______________

学生层次、人数/年：____________ 电话：______—__________（H）________（O）

电子邮件：____手机：____________________

二、您对本书的意见和建议

（欢迎您指出本书的疏误之处）

三、您对我们的其他意见和建议

请与我们联系：

100037　北京百万庄大街22号·机械工业出版社·高等教育分社　舒恬　收

Tel：010—8837 9730（O）　　Fax：010—68997455

E-mail：shutiancmp@gmail.com

附录6-1　万用组合包零件清单

60°	31010 8 ×		31054 1 ×		31674 2 ×		31999 1 ×
30°	31011 6 ×		31058 4 ×		31690 4 ×		32064 9 ×
	31016 2 ×	15	31060 8 ×		31771 1 ×	7.5°	32071 4 ×
	31019 1 ×	30	31061 3 ×		31772 1 ×		32085 4 ×
	31020 1 ×		31124 1 ×		31848 6 ×		32316 2 ×
	31021 2 ×		31422 1 ×		31915 1 ×		32330 2 ×
	31022 1 ×		31426 5 ×		31918 1 ×		32850 7 ×
110	31031 2 ×		31436 11 ×		31982 10 ×		32854 2 ×
	31053 1 ×		31597 5 ×		31983 5 ×		32859 3 ×

（续）

	32869	1 ×	35052	2 ×	60	35065	4 ×		35112	1 ×
	32870	1 ×	35053	4 ×	90	35066	4 ×		35113	1 ×
	32879	6 ×	35054	2 ×		35069	1 ×		35115	1 ×
	32880	2 ×	35055	2 ×		35070	1 ×		35694	1 ×
	32881	10 ×	84.8	35058	2 ×		35071	1 ×		35695	4 ×
	32882	4 ×	35061	5 ×		35073	7 ×		35797	6 ×
	35031	4 ×	35062	2 ×		35076	10 ×		35945	6 ×
	35049	6 ×	30	35063	3 ×	75	35087	3 ×		35971	2 ×
	35051	4 ×	45	35064	4 ×		35088	2 ×		35972	1 ×

（续）

	35973 1 ×		36298 8 ×		37237 8 ×		38225 1 ×
	35977 1 ×		36299 4 ×		37238 4 ×		38240 6 ×
	35980 4 ×		36323 32 ×		37468 8 ×		38241 4 ×
	35981 4 ×	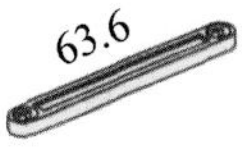 63.6	36326 4 ×	 180	37527 1 ×		38242 3 ×
	36132 1 ×		36327 4 ×		37636 2 ×		38245 3 ×
	36227 8 ×	 45	36328 4 ×		37679 10 ×		38246 6 ×
	36264 1 ×		36334 4 ×		37858 1 ×		38248 6 ×
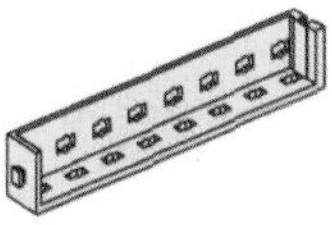	36294 2 ×		36341 2 ×		37925 1 ×		38253 4 ×
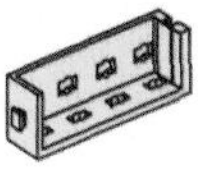	36297 8 ×		36819 8 ×		37926 3 ×		38260 2 ×

（续）

	38277 2 ×		38423 8 ×		38464 3 ×	 15	38544 4 ×
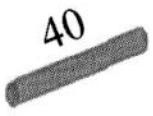 40	38414 4 ×		38428 4 ×	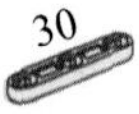 30	38538 4 ×	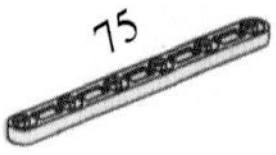 75	38545 4 ×
 60	38416 2 ×		38446 1 ×	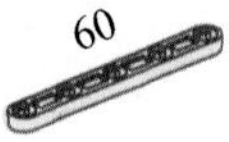 60	38540 2 ×		